跟千代一起学绳编

编绳饰界的创意设计

李莹 编著

河南科学技术出版社

· 郑州 ·

前言
Preface

随着人们生活水平的提高，匠人时代的到来，越来越多的人开始关注能够彰显个性的原创手工艺制品，传统的普通编绳作品已很难满足人们的审美需求。我们采用的国际流行的编织技法，将绳编与设计结合，扩展了新的市场，创立了自己的设计品牌——千代手绳。千代手绳尊重并立足原创，对每一个细节都尽力把控到位，从灵感闪现、草图绘制、选材，再到编织完成，每一道工序都充分体现了设计师独到的设计思想与精湛技艺。

千代手绳设计以独具中国传统美学特色的绳结文化为中心，辅以匠心独运的设计灵感，纯手工制作高雅的艺术首饰。千代手绳作品设计风格独特，艺术性较强，在作品款式和设计元素上兼具中西方特点，五行配色法为千代手绳奠定了色彩基调，为人们带来惊艳的艺术之美。

本书分基础技能、技能提升、独立创作、作品欣赏四章，内容由浅入深，梯度进阶，详细介绍了手绳、项链、吊坠、耳环、流苏、包挂等绳编饰品的基本制作方法。每款作品都有千代亲自演示的制作步骤，并配有设计阐释和详细的文字说明。本书的特点在于作者突破了传统结艺单调的装饰功能，打破人们对于传统结艺的认识，吸收了国内外最新的编织技法和最新设计流行趋势，将玉石、金银等元素融入编绳创作之中，创造了众多时尚经典的编绳饰品，向人们展示了惊艳的编绳艺术文化之美。如果本书能让更多的人认识手绳的神奇与美好，千代将感到十分荣幸。

编绳工艺是一项老少咸宜的手工艺活动。无论学生、白领、辣妈，还是退休老人……只要愿意，都可以随时随地开始学习。将亲手制作的绳编饰品馈赠好友，或成品售卖，或装点生活、愉悦身心，都是不错的选择。和千代一起，用心用情编织，养得内心的恬静。

目录
Contents

第三章
独立创作

第四章
作品欣赏

第一章

基础
技能

· 工具与材料 ·

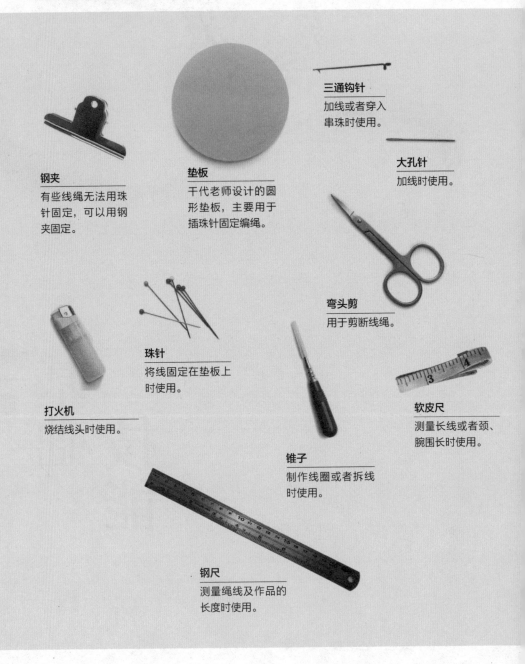

三通钩针
加线或者穿入
串珠时使用。

大孔针
加线时使用。

钢夹
有些线绳无法用珠
针固定，可以用钢
夹固定。

垫板
千代老师设计的圆
形垫板，主要用于
插珠针固定编绳。

弯头剪
用于剪断线绳。

珠针
将线固定在垫板上
时使用。

软皮尺
测量长线或者颈、
腕围长时使用。

打火机
烧结线头时使用。

锥子
制作线圈或者拆线
时使用。

钢尺
测量绳线及作品的
长度时使用。

2. 编绳材料

扁蜡线
主要规格有 1.0mm、0.8mm、0.6mm，是绳编斜卷结类作品的常用基础线材，常用于编织项链、手绳等首饰。

圆蜡线
主要规格有 0.45mm、0.5mm、0.55mm、0.65mm，常用于制作小巧精致且造型、纹理变化丰富的作品。

五彩绳
用于编织五彩手绳，五行色，又名"长命缕"，因寓意美好，设计款式百搭而广受欢迎。

蜡金线
主要规格有 3 股、6 股和 12 股，金属色，可烧结，用于点缀或提亮绳编作品。

泰蜡线
主要规格有 0.2mm、0.6mm、1.0mm、1.5mm，常用于编织挂绳和手绳，细线规格也可制作包石作品。

宝石类
种类繁多、色彩丰富、形状多样的玉石。

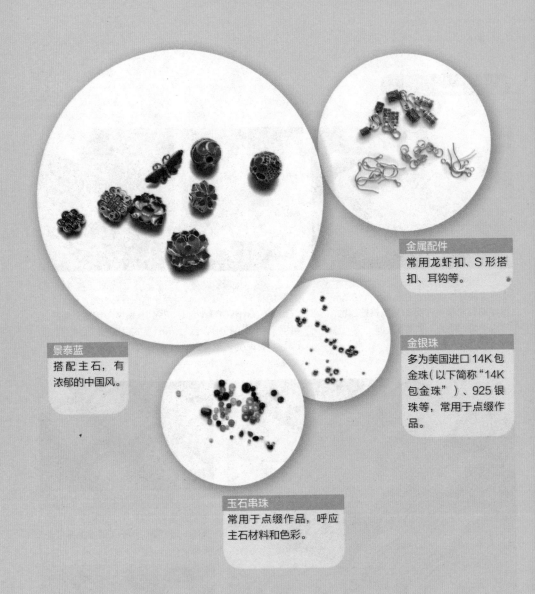

金属配件
常用龙虾扣、S形搭
扣、耳钩等。

景泰蓝
搭配主石，有
浓郁的中国风。

金银珠
多为美国进口14K包
金珠（以下简称"14K
包金珠"）、925银
珠等，常用于点缀作
品。

玉石串珠
常用于点缀作品，呼应
主石材料和色彩。

哪里能买到以上编绳材料和工具呢？
向您推荐千代手绳淘宝店铺，手机淘
宝扫描右方二维码直达。

·基本技法·

1. 蛇结

1 准备红色线绳和黑色线绳各1根，黑色在左，红色在右。

2 如图，将黑色线绳顺时针绕圈，红色线绳逆时针绕圈，并交错穿入。

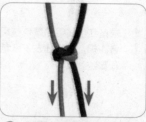

3 如图，分别抽动红色线绳和黑色线绳的尾线，向下拉紧调整至如图形状。

4 如图，将黑色线绳顺时针绕圈，红色线绳逆时针绕圈，并交错穿入。

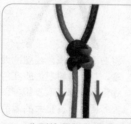

5 分别拉紧红色线绳和黑色线绳，调整至靠近第一个蛇结。

6 重复上面的步骤。

7 编织到所需长度。蛇结是传统中国结的变化结之一，常用于编项链或带状的物体。

扫码观看教学视频，学习更多基础结艺。

1 准备红色线绳和黑色线绳各1根，黑色在左，红色在右。

2 如图，将黑色线绳顺时针绕圈，红色线绳逆时针绕圈并交错穿入。

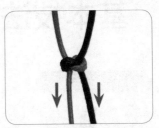

3 分别抽动红色线绳和黑色线绳的尾线，向下拉紧调整至如图形状。

4 将右下方的红色线绳圈拉大些，并顺势将右边黑色线绳从底部顺时针方向绕圈，从上至下穿过拉大的红色线圈。

5 将右下方的黑色线圈拉大些，并顺势将右边的红色线绳从底部顺时针绕圈，从上至下穿过拉大的黑色线圈。

6 拉紧并将结体水平翻转。

7 将右下方的红色线绳圈拉大，将黑色线绳往左移动，黑色线绳顺时针绕圈，从上至下穿过拉大的红色线绳圈，并拉出尾线。

8 分别拉紧左右两绳的尾线和上方的2根线绳，拉紧结体，呈如图形状。

9 不断翻转重复以上步骤，编至所需长度。金刚结的外形和蛇结非常相似，但其结体比蛇结更牢固紧实。

1 将红、咖、黑、白色4根线绳并列排放。

2 如图，将白色线绳和咖色线绳交叉，白色线绳在上。

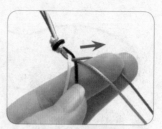

3 将黑色线绳和红色线绳交叉，红色线绳在上。

4 将白色线绳和咖色线绳交叉，咖色线绳在上。

5 将黑色线绳和红色线绳交叉，黑色线绳在上。

6 将白色线绳和咖色线绳交叉，白色线绳在上。

7 将黑色线绳和红色线绳交叉，红色线绳在上。

8 将白色线绳和咖色线绳交叉，咖色线绳在上。

9 将黑色线绳和红色线绳交叉，黑色线绳在上。

10 依次规律，编织到所需长度，完成。

4.雀头结（上编法）

1 将红色线绳对折压在白色线绳上。

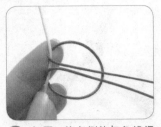

2 如图，将左侧的红色线绳圈向后移动，挑起白色线绳，形成一个半圆形。

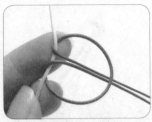

3 将2根红色线绳的线尾穿入圆形并向下拉出。

4 拉紧2根红色线绳尾，完成。

5.雀头结（下编法）

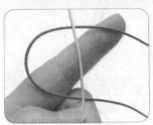

1 将红色线绳对折放在白色线绳下方。

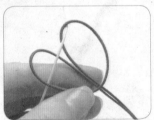

2 如图，将左侧的红色线绳圈向上移动，压住白色线绳，形成一个半圆形。

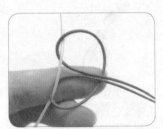

3 将2根红色线绳的线尾穿入圆向下拉出。

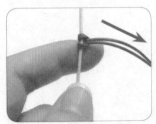

4 拉紧2根红色线绳尾，完成。

6. 斜卷结

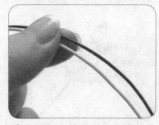

1 取红色线绳和白色线绳各1根。

2 如图，将红色线绳置于白色线绳下方，呈十字状。

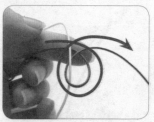

3 以白色线绳为轴线，红色线绳为绕线，从下往上绕线。

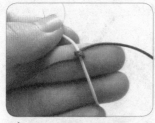

4 将红色线绳拉紧固定。

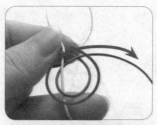

5 如图，将红色线绳再绕白色轴线绳一圈，从下往上绕线。

6 拉紧固定，斜卷结完成。

7. 反斜卷结

1 取红色和白色线绳各1根。

2 如图，将红色线绳置于白色线绳下方，呈十字状。

3 以红色线绳为轴线，白色线绳为绕线，从上往下绕线。

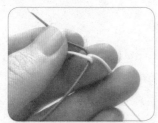

4 将白色线绳拉紧固定。

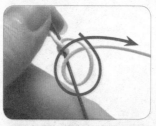

5 如图，将白色线绳再绕红色轴线一圈，从上往下绕线。

6 拉紧固定，反斜卷结完成。

1 如图，准备 3 根不同颜色的线绳，两侧为编绳，中间为轴线。

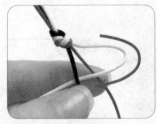

2 将白色线绳压轴线，黑色线绳压白色线绳。

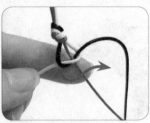

3 将黑色线绳从红色轴线下面向上穿入白色线绳，并向两侧拉紧线绳

4 将黑色线绳压轴线，白色线绳压黑色线绳。

5 将白色线绳从红色轴线下面向上穿入黑色线绳上。

6 向两侧拉紧线绳。

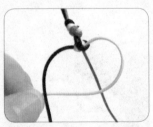

7 如图，将白色线绳压轴线，黑色线绳压白色线绳。

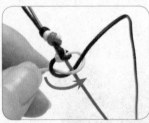

8 将黑色线绳从红色轴线下面向上穿入白色线绳上。

9 向两侧拉紧线绳。

10 重复上面步骤，编织到所需长度。

1 如图，准备3根不同颜色的线绳，两侧为编绳，中间为轴线。

2 将白色线绳压轴线，黑色线绳压白色线绳。

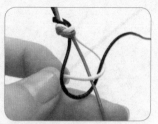

3 将黑色线绳从红色轴线下面向上穿入白色线绳上。

4 向两侧拉紧线绳。

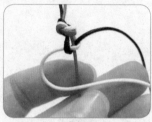

5 将白色线绳压在红色轴线上。

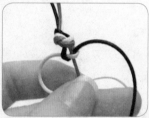

6 黑色线绳拉向左边，压住白色线绳。

7 将黑色线绳从红色轴线下面向上穿入白色线绳上。

8 向两侧拉紧线绳。

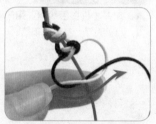

9 再将黑色线绳从红色轴线下面向上穿入白色线绳上。

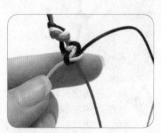

10 向两侧拉紧线绳。

11 重复上面步骤，编织到所需长度。

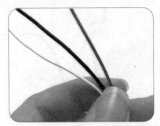

1 如图，准备3根不同颜色的线绳，两侧为编绳，中间为轴线。

2 将红色线绳放在轴线下面，打一个单结。

3 向左右两侧均匀用力，拉紧单结线绳。

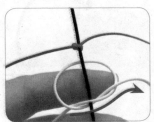

4 加入1根白色线绳，用同样的方法，打一个单结。

5 向两侧拉紧白色单结。

6 如图，将两侧的白色线绳拉向上面，红色线绳的左侧线放在白色线绳上面，红色线绳的右侧线放在白色线绳的下面。

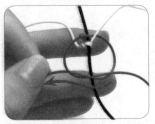

7 如图，将红色线绳绕轴线打一个单结。

8 向两侧拉紧红色线绳。

9 将红色线绳拉向上方，白色线绳的左侧放在红色线绳的下面，白色线绳的右侧放在红色线绳的上面，开始双绳扭编。

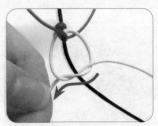

10 将白色线绳绕轴线打一个单结。

11 向两侧拉紧白色线绳。

12 如图，将白色线绳拉向上方，红色线绳拉向下方。

13 如图，将红色线绳绕轴线打一个单结并拉紧。

14 将红色线绳拉向上方，白色线绳拉向下方。

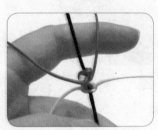

15 如图，将白色线绳绕轴线打一个单结并拉紧。

16 重复编几次结以后，用手指捏住轴线，轻轻调整结体，使结与结之间的间隙更均匀。

17 编织到所需长度，完成。

1 如图，取绿色和浅紫色线绳各1根。

2 如图，将2根线绕食指一圈。

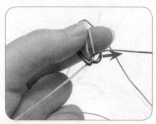

3 如图，开始做双向平结。

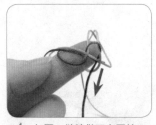

4 如图，继续做双向平结。

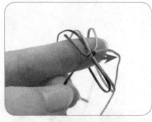

5 拉紧。

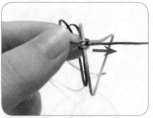

6 继续做双向平结。

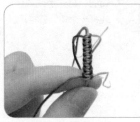

7 做到所需要的长度。

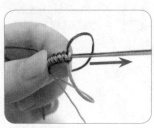

8 抽紧轴线。

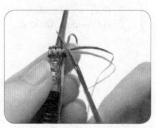

9 使用弯头剪剪掉轴线。

10 再打一个双向平结。

11 剪掉余线并烧结，完成平结璎珞圈编织。

12. 无痕绕线线圈

1 如图，将白色线绳绕食指和中指3圈。

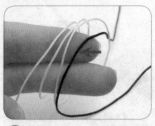

2 如图，加入1根黑色辅助线绳。

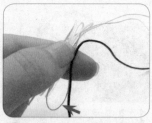

3 将银色线绳对折加入。

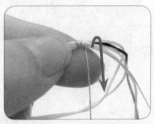

4 如图，将银色线绳缠绕轴线。

5 缠绕15mm左右。

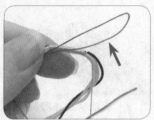

6 加入红色线绳作引线，并将引线对折。

7 如图，再绕5mm左右，将银色线绳剪断。

8 将银色线绳头穿入红色线环。

9 向下用力拉紧红色引线。

10 抽出银色线绳头。

11 剪掉银色线绳头。

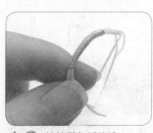

12 抽掉黑色辅助线。

13 向两侧拉紧白色线绳。

14 将锥子穿入线圈继续拉紧。

15 沿根部剪断白色线绳，并用指甲拨动银色线绳圈盖住白色轴线。

16 无痕绕线线圈制作完成。

13. 八股方编

1 如图，将8根线绳排成左右各4根。

2 最右侧黑色线绳从下面绕到左侧，挑压2根线绳，再回到右侧。

3 将最左侧红色线绳从下面绕到右侧，挑压2根线绳，再回到左侧。

4 如图，将最右侧黑色线绳从下面绕到左侧，挑压2根线绳，再回到右侧。

5 将最左侧红色线绳从下面绕到右侧，挑压2根线绳，再回到左侧。

6 将最右侧白色线绳从下面绕到左侧，挑压2根线绳，再回到右侧。

7 如图，将最左侧咖色线绳从下面绕到右侧，挑压2根线绳，再回到左侧。

8 将最右侧白色线绳从下面绕到左侧，挑压2根线绳，再回到右侧。

9 将最左侧咖色线绳从下面绕到右侧，挑压2根线绳，再回到左侧。

10 不断重复以上步骤，即可编成图示的八股方编。

14. 八股圆编

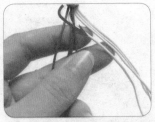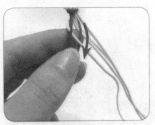

1 如图，将8根线绳分为左右两组，红色线绳和白色线绳分别为一组。

2 将右1白色线绳从后面绕到左边，挑左1，压左2、左3，挑左4红色线绳。

3 将左1红色线绳从后面绕到右边，挑右1，压右2、右3，挑右4白色线绳。

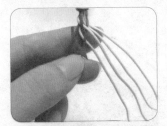

4 将右1白色线绳从后面绕到左边，挑左1，压左2、左3，挑左4红色线绳。

5 将左1红色线绳从后面绕到右边，挑右1，压右2、右3，挑右4白色线绳。

6 将右1白色线绳从后面绕到左边，挑左1，压左2、左3，挑左4红色线绳。

7 不断重复以上步骤，即可编成图示的八股圆编。

15. 玉米结

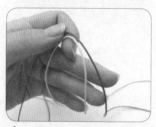

1 准备红、白两种颜色的线绳各 1 根。

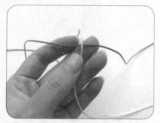

2 将红、白两线绳互相垂直交叉，红色在下，白色在上。

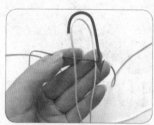

3 将白色线绳往右移动再向下折。

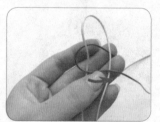

4 如图，将红色线绳向下移动再向下折，压住 2 根白色线绳。

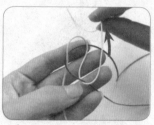

5 将右侧白色线绳向右移动再向上折，并压住 2 根红色线绳。

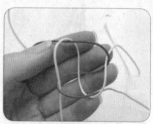

6 上面的红色线绳向上移动再向左折，压 2 挑 1。

7 如图，拉紧 4 根线绳。

8 拉线时 4 根线绳保持水平状，形成如图造型（第一层结）。

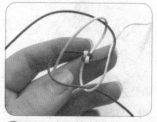

9 重复以上步骤，完成第二层结。

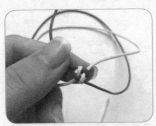 

10 不断重复以上步骤。

11 玉米结完成。

16. 纽扣结

  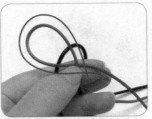

1 准备红色和黑色线绳各 1 根。

2 拿线姿势如图示。

3 将红色线绳逆时针方向旋转一圈并压住黑色线绳。

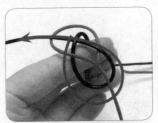  

4 如图,将黑色线绳压、挑、压红色线绳穿过黑色线绳并拉出。

5 形成花篮造型。

6 将最右侧红色线绳逆时针方向绕线旋转 180° 并从中间孔穿出。

7 如图,将左侧黑色线绳压住下方的红色线绳逆时针方向旋转 180° 并从中间孔穿出。

8 向两端拉紧红色线绳和黑色线绳。

9 拉紧并调整形状,纽扣结制作完成。

17. 单线网包

1 准备2根红色线绳。

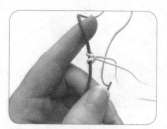

2 将左边的红色线绳作轴线，用1根白色线绳做一个云雀结（上编法）。

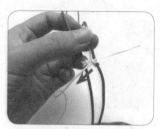

3 将左侧的白色线绳从下面拉到右边，以右边的红色线绳为轴线做云雀结（上编法）。

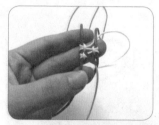

4 如图，将白色线绳拉到左边红色轴线上做云雀结（上编法）。

5 将白色线绳拉到右边红色轴线上做云雀结（上编法）。

6 不断重复以上步骤，完成单线网包。

18. 双线交叉网包

1 准备2根咖色线绳。

2 将左边的咖色线绳作轴线，用1根红色线绳做一个云雀结（上编法）。

3 将右边的咖色线作轴线，用1根白色线绳做一个云雀结（上编法）。

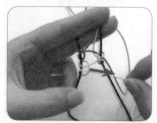

4 如图，将白色线绳拉到左边咖色轴线上做云雀结（上编法）。

5 将红色线绳拉到右边咖色轴线上做云雀结（上编法）。

6 不断重复以上步骤，完成双线交叉网包。

第二章

技能提升

极细五彩手绳

设计阐释：

五彩线，古代也叫长命缕。佩戴五彩长命缕，是我国自古就有的习俗。将五彩线系在孩子的手臂、颈项上，叫长命缕、续命缕。汉代应劭的《风俗通》载：五月五日，以五色丝系臂，名长命缕。据此，此俗直承汉代，至今已 2 000 多年。作品为极细五彩手绳，时尚经典百搭，可与其他手绳搭配使用，可长期佩戴。

材料清单

主石	线材	配件
无	极细五彩线　100cm×2 根	14K 包金珠　直径 3mm×2 颗 紫水晶珠　直径 5mm×1 颗

制作步骤

1 准备 2 根 100cm 的极细五彩线。

2 对折拧线约 2cm 做扣眼。

3 编好扣眼后，再继续编 8cm 的四股辫。

4 打金刚结收口。

5 穿入 2 颗 14K 包金珠和 1 颗紫水晶珠。

6 如图，打金刚结。

7 再编 8cm 左右的四股辫。

8 金刚结收口。

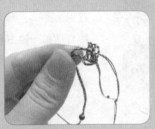

9 编纽扣结。

10 调整并拉紧纽扣结。

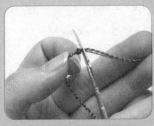

11 使用弯头剪剪掉余线。

12 极细五彩手绳制作完成。

永结同心五彩手绳

设计阐释：

同心结是一种古老而寓意深长的花结。由于其两结相连的特点，常被作为爱情的象征，取"永结同心"之意。作者将五彩绳与同心结结合编织，精工巧艺打造出的造型时尚经典，演绎出别样的腕间风采。

材料清单		
主石	**线材**	**配件**
无	极细五彩线　100cm×2 根 蜡金线　香槟金色100cm×2根	14K 包金珠　直径 3mm×2 颗

制作步骤

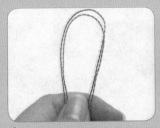

1 准备 2 根 100cm 的极细五彩线。

2 对折编两股辫。

3 根据腕围净长度编约7.5cm 的四股辫。

4 金刚结收口并穿入 1 颗14K 包金珠。

5 两组五彩线分别用蜡金线绕线 2.5cm。

6 开始编同心结，取其中 1组 2.5cm 的线，如图打结。

7 另一组 2.5cm 的绕线，如图绕一圈并调整形状，同心结编好后的样子。

8 穿入 1 颗 14K 包金珠并编2 个金刚结收线。

9 编 7.5cm 的四股辫，做 2个金刚结收线。

10 编多线纽扣结，调整并拉紧纽扣结。

11 如图，使用弯头剪剪掉余线。

12 永结同心五彩手绳制作完成。

十全十美曼陀罗五彩手绳

设计阐释：

作品主体中心编曼陀罗结，10 根五彩绳按次序排列难度非常大，需要创作者有极强的定力和耐力。作品寓意圆满吉祥，十全十美。

材料清单		
主石	**线材**	**配件**
无	极细五彩线　100cmx5 根	无
	蜡金线	
	金色　200cmx2 根、100cmx2 根	
	银色（制作银色线圈）100cmx2 根	
	泰蜡线	
	红色　50cmx1 根	

制作步骤

1 准备 5 根 100cm 的极细五彩线。

2 对折编两股辫。

3 再编十股辫。（扫码关注公众号，观看教学视频）

4 十股辫编 7cm 左右。

5 金刚结收口。

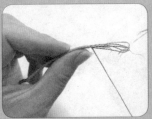

6 将五彩线分为两组，每组 5 根，在其中一组上用金色蜡金线做 6cm 的绕线。

7 加入红色引线，将引线对折。

8 再绕线 1cm 左右，将做绕线的金色线穿入引线环扣中。

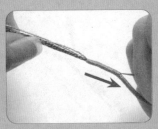

9 拉紧引线。

10 用同样的方法绕另外 5 根线，剪掉余线。

11 如图，将上面的金色线顺时针打结，开始制作曼陀罗结。

12 顺时针再绕一圈，并向前穿入孔中。

13 下面一条金色线逆时针转动穿入中间孔中。

14 如图，向里穿线。

15 逆时针再做一个圈，并穿入中间孔中。

16 如图，向里穿入孔中，并向下拉紧。

17 调整好曼陀罗结体，用金刚结固定。

18 如图，编7cm左右的十股辫。

19 用金刚结收住10根五彩线。

20 如图，将上面的金色线顺时针方向打结，以纽扣结收尾。

21 制作2个银色线圈并穿入如图位置。

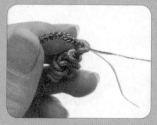

22 制作两个金色线圈并穿入如图位置。

23 作品制作完成。

吉祥手绳

设计阐释：

作品选用红色和金色搭配，非常讨喜且百搭。祈愿美好吉祥，愿你三冬暖，愿你春不寒，愿你举杯有劲酒，愿你相伴有良人。

材料清单

主石	线材	配件
无	泰蜡线　红色 100cmx3 根 蜡金线　金色 100cmx2 根	无

制作步骤

1 取 3 根 100cm 的红色泰蜡线，2 根 100cm 的金色蜡金线。

2 将 5 根线对折编两股辫，如图所示。

3 编 2 个金刚结固定。

4 将金刚结固定后的 10 根线按如图摆放。

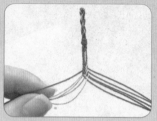

5 编织十股辫，左右各 5 根。

6 如图，继续编织，形成此纹理循环。

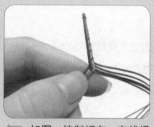

7 如图，控制好左、右线绳的位置。

8 编织到所需长度，可使用钢尺测量。

9 编金刚结固定住 10 根线。

10 如图，将 10 根线做一个纽扣结。

11 剪掉余线后烧结，作品完成。

流苏挂件

设计阐释：

流苏又称穗子，一种下垂的以五彩羽毛或丝线等扎成的如禾穗状的饰物，常见挂于帐中、窗帘四角或玉佩及扇子的手柄。有道是"道家崇紫色，释门尚姜黄，才子香红佳人绿"。流苏，随风飘荡，传递着古雅与婉约之韵。

婉约流苏

材料清单

主石	线材	配件
无	3 股流苏线　4000cm 3 股股线　100cmx1 根 3 股银线　100cmx2 根 72 号玉线 红色　50cmx1 根 白色　20cmx1 根	孔雀石珠子　直径 10mmx1 颗 翡翠算盘珠　直径 6mmx2 颗

制作步骤

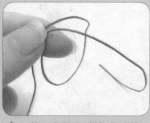

1 剪一小段 72 号红色玉线，如图绕圈并捏住。

2 加入 1 根 20cm 的 72 号白色玉线。

3 用 3 股股线缠绕 3mm 左右，并穿入左上线圈。

4 拉紧 3 股线（参考前面基础部分线圈做法）。

5 使用锥子辅助拽紧中间的 72 号红色玉线后剪掉 3 股股线的线尾。

6 如图，做好一个绕线线圈。注意，玉线尾线不要裁掉。

7 如图，将步骤 6 的 2 根玉线穿入 2 颗翡翠算盘珠和 1 颗孔雀石珠子。

8 在 10cm 长的小纸板上缠绕 200 圈左右 3 股流苏线。

9 用 1 根 72 号红色玉线系住流苏线。

10 将 2 根 72 号红色玉线打 1 个金刚结。

11 使用弯头剪剪掉余线。

12 使用打火机烧结，以保证日后不会散开。

13 将3股流苏线如图剪开。

14 使用1根红色玉线系住流苏线，以方便做绕线。

15 加入1根3股银线。

16 如图，做绕线。

17 穿入预留下的线圈。

18 拉紧下面的银线线尾。

19 拉紧后再解开之前系流苏的红色玉线。

20 使用弯头剪裁掉多余的银线。

21 流苏挂件制作完成。

成品欣赏

紫色手绳

设计阐释：

作品灵感来自于无穷大符号"∞"，象征着再生、无限循环和永恒的生命。作品用紫色和白色扁蜡线编织，并点缀银珠来丰富设计，以增加作品的灵动感。此款手绳时尚经典，任其在腕间的广阔空间中自由延展。

材料清单

主石	线材	配件
无	**1.0 扁蜡线** 紫色　100cmx2 根 白色　100cmx2 根	**925 银珠** 直径 3mmx17 颗 直径 2.5mmx32 颗 **925 银车轮珠** 直径 5mmx2 颗 **翡翠环扣** 直径 8mmx1 颗 **紫水晶珠** 直径 6mmx2 颗

制作步骤

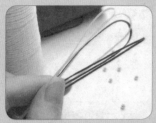

1 准备白色和紫色 1.0 扁蜡线各 2 根，925 银珠若干。

2 将 4 根 100cm 的扁蜡线如图打一个活结。

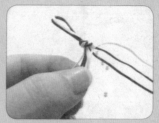

3 将 2 根白色线绳编 1 个反斜卷结。

4 左边，以白色线绳为轴线，紫色线绳为绕线，向内编右斜卷结。

5 右边，以白色线绳为轴线，紫色线绳为绕线，向内编左斜卷结。

6 如图，2 根紫色绕线对穿入 1 颗直径 3mm 的 925 银珠。

7 以白色线绳为轴线，2 根穿珠子的紫色线绳为绕线，分别向外编左、右斜卷结。

8 做好左、右斜卷结时的样子。

9 用 2 根白色轴线编反斜卷结，如图所示。

10 将 2 根紫色线绳分别穿入 1 颗直径 2.5mm 的 925 银珠。

11 如图，以白色线绳为轴线，紫色线绳为绕线，向内分别编斜卷结。

12 将 2 根紫色线绳对穿入 1 颗直径 3mm 的 925 银珠。

13 用 2 根白色轴线编反斜卷结。

14 使用同样的方法编织。

15 一直编到所需长度。

16 解开开始打的活结。

17 两端各穿入 1 颗直径 5mm 的 925 银车轮珠。

18 编四股辫作为调节绳。

19 将 2 条四股辫并行穿入 1 颗直径 8mm 的翡翠环扣。

20 在 2 条四股辫上分别穿入 2 颗直径 3mm 的银珠和 1 颗直径 6mm 的紫水晶珠，紫色串珠手绳完成。

成品欣赏

貔貅包挂

戏珠妙结

设计阐释：

作品中蜜蜡貔貅搭配南红回纹珠、石榴石及 14K 包金珠，双联结处于中间位置用以衔接造型。作品用色甜而不腻，南红回纹珠添加到貔貅口部上方且可转动，"戏珠"造型可爱有趣，寓意招财吉祥。

材料清单

主石	线材	配件
蜜蜡貔貅	**泰蜡线**	**14K 包金珠** 直径 2.5mmx22 颗
	奶黄色　50cmx2 根	**车轮珠** 直径 5mmx1 颗
	珊瑚粉色　50cmx2 根	**南红回纹珠** 直径 10mmx1 颗
	蜡金线	**石榴石** 直径 4mmx16 颗
	胭脂红色　100cmx2 根	**南红珠** 直径 6mmx1 颗
		直径 10mmx1 颗

制作步骤

1 将 2 根奶黄色泰蜡线穿入貔貅挂绳孔中。

2 编斜卷结时加入 2 根珊瑚粉色泰蜡线。

3 穿入 1 颗南红回纹珠。

4 如图，两侧的线穿入石榴石和 14K 包金珠。

5 编斜卷结向上制作 2 个四线叶形纹理造型。

6 如图，使用胭脂红色蜡金线做两段 5cm 的绕线。

7 制作 1 个双联结。（扫码关注公众号，学习更多基础结）

8 两侧继续穿珠子。

9 将余线向上聚拢，穿入 1 颗车轮珠编斜卷结做四线包珠。

10 编四股辫，裁掉 3 根线并烧结，留 1 根线穿串珠。

11 穿入南红回纹珠、石榴石珠 14K 包金珠和翡翠环扣。

12 剪掉余线并烧结，作品制作完成。

能量石手绳

设计阐释:

单珠手绳——能量石手绳设计,优雅清新的绿色系线绳与明亮的白色能量石珠子相互映衬,清新靓丽。设计师严谨、沉稳又不失灵活的设计,体现了作品光明与永恒的设计内涵。

材料清单

主石

能量石南瓜珠
直径 10mm×1 颗

线材

1.0 扁蜡线
草木绿色　50cm×4 根
白色　100cm×2 根
深绿色　100cm×1 根
薄荷绿色　100cm×2 根

配件

14K 包金珠
直径 2.5mm×4 颗
直径 3mm×4 颗
直径 4mm×2 颗
车轮珠　直径 4mm×2 颗
翡翠环扣　直径 8mm×1 颗
大同玉珠　直径 8mm×2 颗

制作步骤

1 准备白色、薄荷绿色、草木绿色和深绿色 1.0 扁蜡线及能量石南瓜珠 1 颗。

2 取 2 根 100cm 白色 1.0 扁蜡线。如图，穿入 2 颗车轮珠和 1 颗能量石南瓜珠。

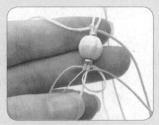

3 加入薄荷绿色 1.0 扁蜡线编斜卷结。

4 加入 2 根 50cm 草木绿色 1.0 扁蜡线和 1 颗直径 4mm 的 14K 包金珠，编斜卷结。

5 以薄荷绿色 1.0 扁蜡线为轴线，分别向两侧拉草木绿色线做左、右斜卷结。

6 如图，加入 1 根 100cm 深绿色 1.0 扁蜡线，并穿入 1 颗直径 4mm 的 14K 包金珠。

7 如图编反斜卷结收口，手绳两边对称编织。

8 用斜卷结编 1 个中空菱形结。

9 穿入 4 颗直径 2.5mm 的 14K 包金珠，将旁边的线按同样的编法顺延至中空菱形结处。

10 再连续编 3 个中空菱形结。

11 编四股辫并加入翡翠环扣、2 颗直径 8mm 的大同玉珠和 4 颗直径 3mm 的 14K 包金珠。

12 剪掉余线并烧结，作品制作完成。

串珠如意手绳

设计阐释：

作品配色清新可人，配以银饰、翡翠，充满浓浓的少女气息。翡翠部分的饰品可换成自己喜欢的其他珠子，随心百变。作品象征希望与幸运，寓意吉祥如意。

材料清单

主石

翡翠环扣
直径 9mmx6 颗

线材

1.0 扁蜡线

冰蓝色　100cmx2 根
婴儿粉色　100cmx2 根
白色　100cmx2 根

配件

925 银珠　直径 3mmx2 颗
翡翠算盘珠　直径 7mmx1 颗
大同玉珠　直径 6mmx1 颗
泰银配件　如意扣 x1 颗、花扣 x2 颗

制作步骤

1 准备白色、婴儿粉色和冰蓝色 1.0 扁蜡线各 2 根。

2 用白色 1.0 扁蜡线编金刚结。

3 如图，连续编 12 个金刚结。

4 将金刚结折弯，穿入如意扣的扣尾。

5 编反斜卷结固定。

6 如图，先编斜卷结。

7 再编 1 个婴儿粉色的菱形结。

8 连编 3 个菱形结。

9 如图所示，将所有的线都穿入 1 颗泰银花扣。

10 再加入婴儿粉色和冰蓝色 1.0 扁蜡线各 1 根。

11 如图，编 3cm 左右的双绳扭编。

12 穿入 6 颗翡翠环扣。

13 如图所示，编双绳扭编。

14 使用同样的方法编织3cm 左右。

15 穿入另1颗泰银花扣。

16 编菱形结。

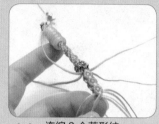

17 连编3个菱形结。

18 用后面4根白色1.0扁蜡线编10cm的四股辫。

19 将四股辫对折穿入1颗翡翠算盘珠，并挂在如意扣的扣头上。

20 如图，将白色1.0扁蜡线穿入925银珠和大同玉珠作装饰。

21 将余线剪掉并烧结，串珠如意手绳完成。

粉晶吊坠

设计阐释：

作品以高明度色彩为主色调，点缀草木绿色，仿佛带你走进惬意的乐土。作品还呈现出女性温柔而坚韧的气质，如同单身女性不惧时光，坚守本心，勇敢向往美好爱情的勇气。粉晶点缀 925 银珠，在阳光照耀下熠熠生辉。极具设计感的缠绕编织与纹理的穿插呼应，凸显立体精致的轮廓与设计师的巧思。

材料清单

主石	线材	配件
水滴粉晶 32mmx23mm	1.0 扁蜡线 嫩绿色　100cmx1 根、50cmx2 根 米白色　100cmx1 根 草木绿色　100cmx1 根	925 银珠　直径 2.5mmx2 颗 粉晶珠子　直径 4mmx1 颗

制作步骤

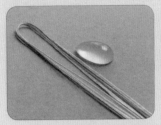

1 准备水滴粉晶和 1.0 扁蜡线。

2 用 1 根 100cm 米白色 1.0 扁蜡线穿入水滴粉晶。

3 取 1 根 100cm 嫩绿色 1.0 扁蜡线,以米白色 1.0 扁蜡线为轴线编 1 个斜卷结加线。

4 取 1 根 100cm 草木绿色 1.0 扁蜡线,以米白色 1.0 扁蜡线为轴线,并排紧挨着嫩绿色 1.0 扁蜡线编 1 个斜卷结加线。

5 取 2 根 50cm 嫩绿色 1.0 扁蜡线,编 2 个斜卷结。

6 将斜卷结换方向做成耳状,左右两侧对称处理。

7 在米白色 1.0 扁蜡线上穿入 1 颗直径 4mm 的粉晶珠子作装饰,与主石色彩和材质相呼应。

8 穿入 2 颗直径 2.5mm 的 925 银珠。

9 继续编织,打造出花朵的造型纹理。

10 将草木绿色 1.0 扁蜡线作为轴线,米白色 1.0 扁蜡线作为绕线,编斜卷结。

11 左右两侧对称编织。

12 用草木绿色 1.0 扁蜡线编斜卷结,并将线绳向上收拢。

13　顶部做收口处理。

14　将嫩绿色 1.0 扁蜡线作为轴线，草木绿色 1.0 扁蜡线作为绕线，分别向内编左、右斜卷结。

15　向外编右斜卷结。

16　用嫩绿色 1.0 扁蜡线编反斜卷结，完成 1 个菱形结。

17　用同样的方法，完成第 2 个菱形结。

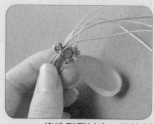

18　将造型翻过来，开始制作挂绳孔。

19　以米白色 1.0 扁蜡线为轴线，草木绿色和嫩绿色 1.0 扁蜡线为绕线编斜卷结并收拢所有线材。

20　以嫩绿色 1.0 扁蜡线为轴线，草木绿色、嫩绿色和米白色 1.0 扁蜡线为绕线编斜卷结并再次收拢所有线。

21　编反斜卷结完成背部收口。

22　剪掉余线，用打火机烧结。

23　拥爱一世——粉晶吊坠制作完成。

战国红吊坠

设计阐释：

作品主石是一颗战国红，为呼应主石材质，配石亦使用战国红珠子，同时将珠子编织至顶部，形成红运当头的气势。整体色调和谐统一，编织立体细腻，寓意红运当头，吉祥如意。

材料清单

主石	线材	配件
战国红 40mmx28mm	1.0 扁蜡线 酒红色　100cmx2 根 檀棕色　100cmx2 根 米白色　100cmx2 根	14K 包金珠　直径 2.5mmx4 颗 飞碟珠　直径 4mmx1 颗 战国红珠子　直径 6mmx1 颗

制作步骤

1 准备战国红主石和 1.0 扁蜡线。

2 将 2 根米白色 1.0 扁蜡线穿入孔内。

3 加入檀棕色和酒红色 1.0 扁蜡线各 2 根编斜卷结。

4 穿入 2 颗 14K 包金珠，如图所示，编斜卷结固定。

5 以中间的米白色 1.0 扁蜡线为轴线编斜卷结。

6 2 根酒红色 1.0 扁蜡线对穿入 1 颗飞碟珠。

7 如图编斜卷结，将飞碟珠包紧固定。

8 向两侧连编几排卷结。

9 穿入 1 颗直径 6mm 的战国红珠子。

10 制作挂绳孔造型。

11 穿入挂绳，剪掉余线并烧结。

12 战国红吊坠完成。

紫魅系列

紫龙晶吊坠

设计阐释：

闪烁着龙纹光泽的高品质紫龙晶，搭配简单的缠绕纹理，浅紫色与袋鼠灰色线的穿插搭配，更加凸显主石的典雅气韵。作品款式简约，适合日常佩戴。

材料清单

主石	线材	配件
紫龙晶 32mmx18mm	1.0 扁蜡线 浅紫色　100cmx2 根、150cmx2 根 袋鼠灰色　100cmx2 根	14K 包金珠　直径 3mmx4 颗 14K 包金车轮珠　直径 4mmx1 颗 翡翠算盘珠　直径 8mmx1 颗 紫萤石珠子　直径 5mmx2 颗

制作步骤

1 准备紫龙晶，浅紫色和袋鼠灰色 1.0 扁蜡线。

2 使用浅紫色 1.0 扁蜡线编织双线交叉网包。

3 编反斜卷结将紫龙晶牢牢地包裹住。

4 编左、右斜卷结进行加固。

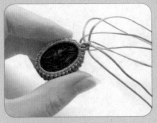

5 背面做 1 个菱形结。

6 双线交叉穿入 1 颗直径 4mm 的 14K 包金车轮珠。

7 将 14K 包金车轮珠用菱形结固定。

8 使用大孔针将袋鼠灰色 1.0 扁蜡线加入包主石的交叉线上。

9 用袋鼠灰色 1.0 扁蜡线编斜卷结，形成耳状造型。

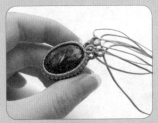

10 顺势编斜卷结，形成 8 字缠绕造型。

11 用 2 根浅紫色 1.0 扁蜡线编反斜卷结，同时收拢旁边的线材。

12 将中间的 4 根线结合，做一个菱形结，编反斜卷结固定。

13 再编一个菱形结。

14 将菱形结反压到背面，正面如图所示。

15 以袋鼠灰色 1.0 扁蜡线为轴线，编菱形结的浅紫色 1.0 扁蜡线依次编斜卷结，并向中间聚拢线材。

16 重复上面的方法，再做一遍。

17 用 2 根袋鼠灰色轴线编反斜卷结固定。

18 将下面的 2 根浅紫色线挑到上面作轴线，袋鼠灰色 1.0 扁蜡线作绕线，编斜卷结。

19 编反斜卷结固定造型。

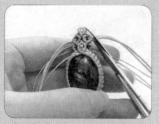

20 将弯头剪贴近根部剪掉余线。

21 用打火机烧结余线。

22 紫龙晶吊坠制作完成。

23 穿入两股辫挂绳，使用翡翠算盘珠作调节扣。

24 尾部依次穿入 14K 包金珠和紫萤石珠子，作品完成。

翡翠吊坠

设计阐释:

作品应用多色搭配,浑然天成,造型如一颗玲珑的果实,精致而富有灵动之气。天然翡翠的光泽和独特的花纹,极具欣赏价值。融合翡翠、光谱石珠子和 14K 包金珠设计,使作品造型具有韵律感。作品取名"瑞果",寓意祥瑞的果实,带给佩戴者吉祥安康。

材料清单

主石

翡翠雕件
40mmx24mm

线材

1.0 扁蜡线
白色　50cmx2 根
浅紫色　50cmx2 根
冰蓝色　50cmx2 根

配件

光谱石珠子　直径 6mmx1 颗
14K 包金珠　直径 2.5mmx2 颗
车轮珠　直径 3mmx1 颗

制作步骤

1 准备翡翠主石，浅紫色、冰蓝色和白色 1.0 扁蜡线各 2 根。

2 将 2 根 50cm 的白色 1.0 扁蜡线穿入翡翠孔内。

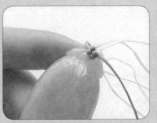

3 加入 1 根 50cm 的浅紫色 1.0 扁蜡线，如图所示，编斜卷结。

4 加入另 1 根 50cm 的浅紫色 1.0 扁蜡线并穿入 1 颗直径 3mm 的车轮珠。

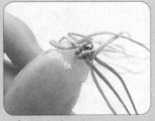

5 加入 2 根 50cm 的冰蓝色 1.0 扁蜡线。

6 如图所示，编斜卷结。

7 穿入 2 颗 14K 包金珠。

8 将顶部浅紫色 1.0 扁蜡线收拢。

9 用白色 1.0 扁蜡线编斜卷结。

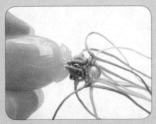

10 穿入 1 颗光谱石珠子。

11 如图所示，用顶部线条包裹住光谱石珠子。

12 编 1 个菱形结。

13 再编 1 个菱形结。

14 将菱形结反压到背面，编斜卷结固定。

15 使用弯头剪剪掉多余的线材并烧结。

16 穿入挂绳，瑞果系列——翡翠吊坠完成。

成品欣赏

青金石龙凤牌项链

设计阐释：

主石是一块青金石龙凤牌，兼具浓郁的"帝王青"与饱满的立体感。作品选用墨蓝色扁蜡线与深灰色蜡金线进行编织，灰色系的磨砂质感将"莫兰迪"色系的高级灰色调表现得淋漓尽致。配色平和自持，舒缓雅致，充满奢华和唯美感。作品造型线条刚劲有力，充满阳刚之气，将力与美完美结合，寓意吉祥安康。

材料清单

主石

青金石龙凤牌
49mmx9mm

线材

0.8 扁蜡线
墨蓝色　50cmx2 根、100cmx3 根
蜡金线
深灰色　50cmx3 根

配件

14K 包金车轮珠　直径
3mmx1 颗
青金石珠子　直径 6mmx1 颗

制作步骤

1 准备青金石龙凤牌和线材。

2 将 2 根墨蓝色 0.8 扁蜡线穿入龙凤牌，做斜卷结加线。

3 如图，对穿入 1 颗直径 3mm 的 14K 包金车轮珠。

4 将车轮珠包裹固定。

5 加入蜡金线，并向上聚拢线材。

6 穿插缠绕蜡金线，以丰富造型层次。

7 加入 1 颗青金石珠子，与主石相呼应。

8 做"龙吐珠"造型。

9 蜡金线穿插造型，形成蝴蝶状。

10 背部线条收紧，留出挂绳孔。

11 剪掉余线并烧结，调整背部造型。

12 穿入挂绳，作品制作完成。

孔雀石项链

设计阐释：

作品主石是一颗纹理形似孔雀羽毛的孔雀石。作品优雅的线条缱绻流转，勾勒出
丰富的层次感，极富张力。佩戴此条项链可尽情展现了女性的华丽美态。设计师
用精湛的编织技艺诠释了手绳的神奇与美好。

材料清单

主石

孔雀石　46mmx32mm

线材

1.0 扁蜡线
烟灰色　100cmx3 根
香芋紫色　100cmx2 根

配件

14K 包金珠　直径 2.5mmx4 颗
飞碟珠　直径 4.5mmx1 颗
翡翠珠　直径 7mmx1 颗
银搭扣　1 个

制作步骤

1 准备孔雀石，烟灰色和香芋紫色 1.0 扁蜡线，配件若干。

2 将 2 根 100cm 的烟灰色 1.0 扁蜡线穿入孔雀石孔内。

3 加入 1 根 100cm 的烟灰色 1.0 扁蜡线，如图所示，编斜卷结。

4 烟灰色 1.0 扁蜡线分别向内做左、右斜卷结。

5 穿入 1 颗直径 4.5mm 的飞碟珠。

6 编反斜卷结将飞碟珠包裹住。

7 背部加入 1 根 100cm 的香芋紫色线编菱形结。

8 将两侧线材分别穿入 1 颗直径 2.5mm 的 14K 包金珠。

9 将穿有串珠的 2 根线分别向内编左、右斜卷结。

10 将下面的 2 根烟灰色 1.0 扁蜡线拿到正面编斜卷结。

11 背部香芋紫色 1.0 扁蜡线编斜卷结，如图所示。

12 将底部的 2 根香芋紫色 1.0 扁蜡线拿到正面编左、右斜卷结。

13 如图所示，将造型向外缠绕。

14 用香芋紫色1.0扁蜡线编斜卷结。

15 下面的2根烟灰色1.0扁蜡线各穿入1颗直径2.5mm的14K包金珠。

16 将穿有串珠的2根烟灰色1.0扁蜡线编斜卷结，并将斜卷结向上延伸。

17 将线材向内聚拢。

18 做成顶珠的底托造型。

19 穿入1颗直径7mm的翡翠珠，将两侧的线条编织延长。

20 将延伸后的造型翻转到背面，制作挂绳扣的造型。

21 在背部收拢所有余线。

22 将余线剪掉并烧结。

23 取1根八股辫挂绳，并将挂绳穿入挂绳孔，使用胶水将银搭扣粘牢。

24 作品完成。

葡萄石吊坠

设计阐释：

该系列作品开启编绳轻奢复古新风潮。造型简洁鲜明的"8"字形缠绕纹理贯穿了整个作品，百搭造型清爽利落，俏皮可爱中带来满满元气，彰显青春与活力。

材料清单

主石

葡萄石
32mmx23mmx12mm

线材

1.0 扁蜡线
袋鼠灰色
100cmx4 根
150cmx2 根
葡萄绿色
100cmx2 根
150cmx2 根
70cmx1 根

配件

14K 包金珠
直径 2.5mmx8 颗
直径 3mmx1 颗
直径 4mmx1 颗
车轮珠 直径 4mmx2 颗
翡翠环扣 直径 9mmx2 颗

制作步骤

1 准备葡萄石和1.0扁蜡线。

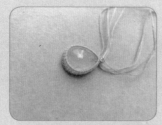

2 使用2根100cm和2根150cm的袋鼠灰色1.0扁蜡线用交叉网包石的方法将葡萄石包裹住,并加入1颗4mm的车轮珠定位。

3 100cm的葡萄绿色和袋鼠灰色1.0扁蜡线,各取2根做装饰包边,并加入4颗直径2.5mm和1颗直径4mm的14K包金珠。

4 对称完成装饰边设计,使主石在视觉上有所扩大。

5 将葡萄绿色1.0扁蜡线编织到葡萄石顶部,完成底部和侧面装饰边编织。

6 调整好所有线材和造型纹理的位置,左右两边保持对称。

7 制作顶部缠绕花纹,穿入2颗2.5mm的14K包金珠,使造型更加丰富。

8 2根线对穿1颗直径3mm的14K包金珠,并顺势将顶部的4根线并拢做1个环扣,方便穿挂绳用。

9 制作完成顶部挂绳环扣。

10 剪掉余线并烧结,穿入挂绳,再用2颗翡翠环扣固定挂绳的2根线。

11 将裁剪下的余线再加入2颗2.5mm的14K包金珠和1颗4mm的车轮珠制作挂绳尾扣。

12 剪掉余线并烧结,百变随心——葡萄石吊坠制作完成。

孔雀石吊坠

清心恬静

设计阐释：

该系列作品以清凉的绿色调为主色，渐变的配石的色彩及线材的色彩使作品设计具有韵律感。取名清心，寓意清心恬静。尾扣以"四叶草"为设计雏形，多面对称处理，独具匠心。可选择多种佩戴方式，搭配出席不同场合，作品象征吉祥幸运。立体双面尾扣设计，打破了普通编绳尾扣的单面设计模式，解决了单面尾扣单薄且仅一面可观的问题。尾扣采用双面立体设计，作品多面可观，带给项链主人更好的佩戴体验，让魅力不止一面。

材料清单

主石

孔雀石
45mmx32mm

线材

1.0 扁蜡线
薄荷绿色　100cmx3 根
深绿色　100cmx1 根
军绿色　100cmx1 根

配件

白水晶珠　直径 4mmx1 颗
14K 包金珠　直径 2.5mmx8 颗
车轮珠　直径 4mmx2 颗
葡萄石珠　直径 5mmx1 颗

制作步骤

1 准备孔雀石和1.0扁蜡线。

2 将2根100cm的薄荷绿色线穿入孔雀石孔。

3 取100cm的军绿、深绿和薄荷绿色1.0扁蜡线各1根，如图加线，使色彩在明度上形成渐变。

4 底部2根军绿色的线分别穿入1颗直径2.5mm的14K包金珠，并向上延伸造型。

5 左右2根薄荷绿色的线分别穿入1颗直径2.5mm的14K包金珠，并向上延伸造型。

6 穿入1颗直径5mm的葡萄石珠与主石色彩相呼应。

7 将葡萄石珠包裹住，并穿入2颗直径2.5mm的14K包金珠。

8 加入1颗直径4mm的白水晶珠和2颗直径4mm的车轮珠，玉石色彩及大小不断变淡变小，形成向上的走势。

9 将顶部珠子包裹住。

10 做3个菱形结并向后折叠。

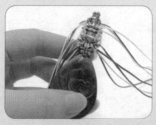

11 在背面固定后剪掉余线并烧结。

12 穿入八股辫挂绳，清心恬静——孔雀石吊坠制作完成。

宝宝佛吊坠

设计阐释：

作品主石是松石宝宝佛雕件，编织过程中体会到安详与恬静，配色典雅，尾扣采用双面无痕设计，造型呼应主体设计元素。作品寓意绵绵情谊，吉祥安康。

材料清单

主石

松石宝宝佛雕件
30mmx22mm

线材

0.5 圆蜡线
银灰色　100cmx2 根、150cmx10 根
　　　　（8 根用于八股辫的挂绳）
蓝色　100cmx2 根

配件

14K 包金珠　直径 2mmx2 颗
车轮珠　直径 3mmx1 颗

制作步骤

1 准备松石宝宝佛雕件和 0.5 圆蜡线。

2 使用 2 根 100cm 和 2 根 150cm 的银灰色 0.5 圆蜡线做双线交叉网包，包住宝宝佛。

3 用 2 根 100cm 的蓝色 0.5 圆蜡线做装饰包边，在视觉上扩大主石，与松石宝宝佛色彩呼应。

4 穿入 1 颗直径 3mm 的车轮珠。

5 使用银灰色 0.5 圆蜡线将车轮珠包裹住。

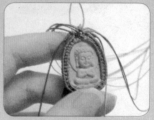

6 用蓝色 0.5 圆蜡线编斜卷结。

7 将延长后的线绳从底部向前穿入，并做斜卷结。

8 使用银灰色 0.5 圆蜡线作轴线，蓝色 0.5 圆蜡线作绕线，编斜卷结并做耳状造型。

9 用银灰色 0.5 圆蜡线编菱形结聚拢。

10 2 根蓝色线分别加入 1 颗直径 2mm 的 14K 金包珠，并向上延伸造型。

11 剪掉余线并烧结。

12 绵绵情意——宝宝佛吊坠制作完成。

幸运螺吊坠

设计阐释：

作品复刻经典美学结构，将源自权利象征的皇冠造型纹路融于幸运螺顶部，典雅神圣。精美的幸运螺吊坠，将最真挚的祝福融入其中，寓意吉祥幸运，永远幸福。

皇冠造型

材料清单

主石

幸运螺
30mmx35mm

线材

1.0 扁蜡线
袋鼠灰色
100cmx2 根
150cmx10 根（其中 8 根用于
八股辫挂绳）
50cmx2 根
米白色　50cmx2 根
嫩绿色　50cmx2 根

配件

光谱石珠　直径 6mmx1 颗

制作步骤

1 准备幸运螺，袋鼠灰色、米白色和嫩绿色 1.0 扁蜡线。

2 使用 2 根 100cm 和 2 根 150cm 的袋鼠灰色 1.0 扁蜡线做双线交叉网包，包住幸运螺。

3 取 50cm 的袋鼠灰色、嫩绿色和米白色 1.0 扁蜡线各 2 根如图加线。

4 做斜卷结固定加入的线材。

5 开始向上做皇冠造型。

6 层层递进延伸造型。

7 顶部聚拢线材。

8 穿入 1 颗直径 6mm 的光谱石珠。

9 编反斜卷结固定光谱石珠，完成皇冠造型。

10 使用 4 根袋鼠灰色 1.0 扁蜡线做一个菱形结。

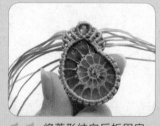

11 将菱形结向后折固定，做成挂绳孔造型。

12 穿入八股辫挂绳，作品制作完成。

紫水晶项链

设计阐释：

作品将编绳与串珠工艺结合，时尚华丽，设计巧妙。背面是背云设计，佩戴时，项链尾链可中和前面项链重量，使佩戴者更舒服。正面为阴，背面为阳，阴阳和合，能量满满。

材料清单

主石

紫水晶
25mmx16mm

线材

0.5 圆蜡线
浅紫色
100cmx3 根、200cmx1 根
檀棕色
150cmx2 根、100cmx2 根、
200cmx1 根
深紫色
100cmx2 根、200cmx2 根

配件

光谱石珠
直径 7mmx22 颗、直径 5mmx2 颗
14K 包金珠
直径 2.5mmx13 颗、直径 3mmx2 颗、
直径 4mmx2 颗
车轮珠
直径 3mmx16 颗、直径 4mmx3 颗
C 形扣　直径 4mmx2 颗
南红环扣　直径 8mmx1 颗
朱砂背云　2 件

制作步骤

1 准备紫水晶和图中各色 0.5 圆蜡线。

2 使用檀棕色 0.5 圆蜡线做双线交叉网包，包住紫水晶。

3 如图，使用深紫色 0.5 圆蜡线和 7 颗直径 2.5mm 的 14K 包金珠装饰包边。

4 对穿入 1 颗直径 3mm 的 14K 包金珠。

5 如图，将造型向顶部聚拢。

6 在顶部两侧编织叶形纹理。

7 加入 1 颗直径 7mm 的光谱石珠，做龙吐珠造型。

8 两边各加入 1 颗直径 2.5mm 的 14K 包金珠，并向两侧延伸造型。

9 两边各加入 2 颗直径 2.5mm 的 14K 包金珠，继续编斜卷结延长造型。

10 两边各加入 1 颗直径 5mm 的光谱石珠，编织叶形纹理与前面的造型元素相呼应。

11 两端各穿入 1 颗 4mm 的 14K 包金珠、9 颗直径 7mm 的光谱石珠、8 颗直径 3mm 的车轮珠和 1 颗 C 形扣。

12 穿入 1 颗南红环扣、2 件朱砂背云、3 颗 4mm 的车轮珠、3 颗 7mm 的光谱石珠、1 颗 3mm 的 14K 包金珠，打结收尾。作品制作完成。

紫龙晶项链

设计阐释：

作品主石是一颗高品质紫龙晶，与多种色彩线材搭配，使作品更加灵动。项链整体设计立体完整，从正面或背面几乎看不到烧线的痕迹，展现出设计师高超的技艺美。紫魅谐音"姊妹"，可做姐妹款佩戴，增加姐妹情谊。作品高贵典雅，尽显紫色魅力。

材料清单

主石

紫龙晶
32mmx21mm

线材

1.0 扁蜡线
烟灰色
100cmx2 根、150cmx2 根
浅紫色
100cmx1 根、150cmx1 根
白色
60cmx2 根

配件

14K 包金珠
直径 2.5mmx2 颗、直径 4mmx1
颗、直径 5mmx1 颗
车轮珠
直径 4mmx1 颗

制作步骤

1 取 1 颗紫龙晶和图中各色 1.0 扁蜡线。

2 用100cm和150cm的烟灰色 1.0 扁蜡线各 2 根做双线交叉网包，包住紫龙晶。

3 编反斜卷结包紧紫龙晶。

4 使用 1 根 100cm 和 1 根 150cm的浅紫色 1.0 扁蜡线做装饰包边并穿入 1 颗直径4mm的14K包金珠作点缀。

5 如图，装饰边做好后的样子。

6 取2根60cm的白色1.0扁蜡线加到如图所示位置。

7 穿入 1 颗直径4mm的车轮珠，将其固定在顶部。

8 用白色 1.0 扁蜡线做耳状造型，并向中间聚拢。

9 穿入 2 颗直径 2.5mm 的 14K 包金珠作点缀。

10 顶部线材向上做"8"字缠绕造型。

11 穿入 1 颗直径 5mm 的 14K 包金珠。

12 编反斜卷结并聚拢顶部线材。

13 如图，做 2 个菱形造型。

14 将菱形造型向后折过去，制作挂绳孔。

15 剪掉余线并烧结，吊坠部分制作完成。

16 穿入提前编好的挂绳，完成整体造型设计。

成品欣赏

战国红吊坠

设计阐释：

作品主体造型是一只展翅向上的蝴蝶。蝴蝶，谐音"佛／福蝶"，寓意福到人间，吉祥恬静、自然禅意。顶珠战国红珠子与主石战国红相呼应，将造型与色彩向上延伸，象征福运满堂。

材料清单

主石	线材	配件
战国红	1.0 扁蜡线	战国红珠子　直径 6mmx1 颗
38mmx27mm	檀棕色　50cmx2 根、100cmx2 根	14K 包金珠　直径 2.5mmx2 颗
	酒红色　100cmx1 根	车轮珠　直径 4mmx1 颗
	浅紫色　100cmx1 根	

制作步骤

1 取战国红主石和图中各色 1.0 扁蜡线。

2 将 2 根 100cm 长的檀棕色 1.0 扁蜡线穿入挂绳孔。

3 加入 100cm 长的酒红色和浅紫色 1.0 扁蜡线各 1 根编斜卷结。

4 加入 2 根 50cm 的檀棕色 1.0 扁蜡线，制作如图造型。

5 如图，穿入 2 颗直径 2.5mm 的 14K 包金珠。

6 编斜卷结将直径 2.5mm 的 14K 包金珠固定。

7 穿入 1 颗直径 4mm 的车轮珠。

8 制作蝴蝶翅膀造型。

9 左右对称编织。

10 收拢顶部线材。

11 穿入 1 颗直径 6mm 的战国红珠子。

12 编斜卷结固定战国红珠子。

13 如图，做挂绳孔造型。

14 将造型折到背面并固定。

15 剪掉余线并烧结，吊坠制作完成。

16 穿入八股辫挂绳，完成整体造型设计。

成品欣赏

平安扣吊坠

设计阐释：

平安扣也称怀古、罗汉眼，可驱邪免灾，保出入平安。平安扣从外形看，其外圈是圆的，象征着辽阔的天地；内圈也是圆的，象征我们内心的宁静。平安扣通体圆滑，与中国的传统文化"中庸之道"相符。古代称之为"璧"，有养身护体之效。在现代，常作为亲朋好友间互赠之物，取平安之意。

材料清单

主石

珊瑚玉平安扣
25mmx25mm

线材

1.0 扁蜡线
蓝灰色　100cmx2 根
白色　100cmx2 根
婴儿粉色　50cmx4 根

配件

14K 包金珠　直径 3mmx8 颗
车轮珠　直径 3mmx2 颗

制作步骤

1 准备平安扣和图中各色1.0扁蜡线。

2 用100cm的蓝灰色和白色1.0扁蜡线各2根做3个菱形结。

3 将3个菱形结穿入平安扣中心的孔。

4 加入2根50cm的婴儿粉色1.0扁蜡线，编斜卷结。

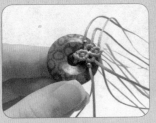

5 穿入2颗直径3mm的14K包金珠。

6 将14K包金珠固定并如图样式编斜卷结，形成花形纹理。

7 制作叶形纹理。

8 2条白色线绳各穿入1颗直径3mm的车轮珠，如图所示。

9 顶部用婴儿粉色和白色1.0扁蜡线编2个斜卷结。

10 双面对称编织、将菱形结折到背后，编斜卷结固定。

11 剪掉余线并烧结。

12 穿入挂绳，花好月圆——平安扣吊坠制作完成。

珊瑚玉吊坠

设计阐释：

红色与金色的碰撞，吉祥喜庆，华丽闪亮。卷翘的造型，增加了作品的趣味感，典雅而不沉闷，简约而不简单。

材料清单

主石	线材	配件
珊瑚玉 25mmx16mm	0.2 泰蜡线 红色 100cmx2 根、150cmx2 根 蜡金线 金色 100cmx1 根、150cmx1 根	光谱石珠　直径 5mmx1 颗 车轮珠　直径 3mmx1 颗

制作步骤

1 准备珊瑚玉、0.2泰蜡线和蜡金线。

2 使用2根100cm和2根150cm的红色0.2泰蜡线做双线交叉网包，包住珊瑚玉。

3 使用1根100cm的金色蜡金线作轴线，1根150cm的金色蜡金线作绕线，如图编织装饰边。

4 用蜡金线做耳状造型，如图所示。

5 将线材向上延伸聚拢。

6 双线对穿入1颗直径3mm的车轮珠。

7 使用斜卷结固定车轮珠。

8 使用蜡金线制作上边的两个耳状造型，如图所示。

9 顶部编斜卷结聚拢并收紧线材。

10 穿入1颗直径5mm的光谱石珠，制作"龙吐珠"造型。

11 剪掉余线并烧结。

12 金风玉露——珊瑚玉吊坠制作完成。

海纳百川

海纹石项链

设计阐释：

大海，寓意海纳百川，胸襟开阔。作品灵感来源于设计师对大海的热爱，米白色点缀海洋蓝色，带给人清凉舒爽之感。作品极具设计感的"龙吐珠""海浪纹"造型，表现了设计师深厚的造型设计功力。

材料清单

主石	线材	配件
海纹石 32mmx21mmx10mm	0.5 圆蜡线 米白色 100cmx2 根、150cmx2 根、25cmx20 根 海洋蓝色 150cmx2 根	14K 包金珠　直径 2.5mmx16 颗 车轮珠　直径 3mmx2 颗 光谱石珠　直径 5mmx1 颗

制作步骤

1 准备海纹石和米白色、海洋蓝色 0.5 圆蜡线。

2 用 2 根 100cm 和 2 根 150cm 的米白色 0.5 圆蜡线做双线交叉网包,包住海纹石。

3 使用 2 根 150cm 的海洋蓝色线,如图做装饰包边。

4 对称完成装饰边设计,使主石在视觉上有所扩大。

5 准备 20 根 25cm 的米白色 0.5 圆蜡线,可根据主石大小增减线的长度。

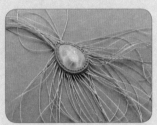

6 将米白色 0.5 圆蜡线穿入前面编好的网中,编斜卷结将其固定,调整好所有线材,左右两边保持根数相同。

7 左右两边都做海浪纹造型编织,旁边加入 16 颗直径 2.5mm 的 14K 包金珠。

8 底部穿入 1 颗直径 3mm 的车轮珠,并编织如意头造型收口,完成作品底部编织。

9 制作顶部。

10 将海洋蓝色 0.5 圆蜡线延伸入米白色 0.5 圆蜡线中,使色彩流畅,造型舒展。

11 顶部穿入直径 5mm 的光谱石珠,做龙吐珠造型,寓意财运滚滚。

12 剪掉余线并烧结,海纳百川——海纹石项链制作完成。

紫龙晶颈链

设计阐释：

作品采用双面立体编织技法，耗时半月有余，终于完成。紫龙晶主石拥有高贵典雅的独特气韵，丝丝龙纹贯穿其中。紫色搭配绿色系线材，作品典雅中透着生机；流苏珠子的加入，使作品更加灵动。寓意紫气东来，祥瑞安康。

材料清单

主石	线材	配件
紫龙晶 32mmx19mm	**1.0 扁蜡线** 草木绿色　100cmx4 根 嫩绿色　100cmx4 根 香芋紫色　100cmx4 根、50cmx2 根 紫色　100cmx4 根 檀棕色　100cmx4 根、150cmx4 根	**14K 包金珠** 直径 3mmx19 颗、直径 4mmx6 颗、 直径 5mmx2 颗 **14K 包金车轮珠** 直径 4mmx2 颗 **翡翠环扣**　直径 8mmx3 颗 **翡翠算盘珠**　直径 6mmx2 颗 **紫水晶珠子**　直径 5mmx3 颗 **紫萤石珠子**　直径 5mmx3 颗

制作步骤

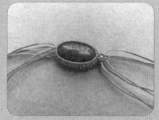

1 用100cm和150cm的檀棕色1.0扁蜡线做双线交叉网包,包住紫龙晶,再穿入1颗直径4mm的车轮珠做固定。

2 使用2根100cm的紫色1.0扁蜡线和2根100cm香芋紫色1.0扁蜡线,如图编菱形装饰边。

3 紫龙晶左右镜像,对称处理,每边需要编7个菱形结。

4 分别加入2根100cm的嫩绿色和草木绿色1.0扁蜡线,花朵造型置于作品上方中心位置,增加层次感。

5 穿入2颗直径3mm的14K包金珠和1颗直径5mm的紫萤石珠子,点缀作品,加强材质的对比。

6 左右镜像,对称处理。

7 对称穿入2颗直径6mm的翡翠算盘珠和1颗直径5mm的14k包金珠,以呼应作品中的绿色系线材。

8 加入2根50cm的香芋紫色1.0扁蜡线编织双挂扣造型,方便后面穿挂绳使用。

9 将作品调整至整体对称。

10 使用直径3mm、4mm的14K包金珠和直径5mm的紫水晶珠子做3条流苏。

11 穿入檀棕色挂绳,使用弯头剪剪掉余线并烧结。

12 紫气东来——紫龙晶颈链制作完成。

蜜蜡项链

设计阐释：

作品为含苞待放的花朵和绵延向上的藤蔓造型，多条绳线交织缠绕向上，一气呵成。顶珠搭配南红珠，寓意红运当头。流苏尾扣设计，传递着古典与婉约韵味。配色清新甜美，为主石蜜蜡的静寂带来缤纷绚烂的活泼气息，象征生命不息，欣欣向荣。

花舞暖阳

材料清单

主石

蜜蜡
52mmx39mm

线材

0.5 圆蜡线
烟紫色
100cmx2 根、200cmx12 根
嫩黄色　200cmx3 根
嫩绿色　200cmx1 根

配件

14K 包金珠　直径 2.5mmx16 颗
车轮珠　直径 3mmx2 颗
南红珠　直径 7mmx1 颗

制作步骤

1 准备图中各色 0.5 圆蜡线，南红珠和蜜蜡。

2 使用 2 根 100cm 和 2 根 200cm 的烟紫色 0.5 圆蜡线做双线交叉网包，包住蜜蜡。

3 使用 2 根 200cm 的嫩黄色 0.5 圆蜡线编织装饰包边，与主石色彩相呼应。

4 如图，使用 2 根 200cm 的烟紫色、1 根 200cm 的嫩绿色和 1 根 200cm 的嫩黄色 0.5 圆蜡线，穿入 1 颗直径 3mm 的车轮珠编织四线包珠造型。

5 将造型加入主体中。

6 编织缠绕纹理造型，穿入 16 颗直径 2.5mm 的 14K 包金珠点缀。

7 编织缠绕纹理和叶形纹理，完成整个侧边纹理造型编。

8 加入 1 颗直径 3mm 的车轮珠，将顶部线材聚拢。

9 穿入 1 颗直径 7mm 的南红珠，寓意红运当头。

10 将顶部造型延伸，折到背面后固定，挂绳扣制作完成。

11 剪掉余线并烧结，项链主体部分制作完成。

12 使用 8 根 200cm 的烟紫色 0.5 圆蜡线编方形八股编，如图所示，穿入挂绳孔，作品制作完成。

南红单珠手绳

设计阐释：

这款手绳的主题是"幸运果"。设计师以一颗南红珠象征幸运果，主绳选用绿色系颜色，描绘"万绿丛中一点红"的意境。作品使用红色和绿色撞色搭配，形成较强的视觉冲击力，使用黑色协调整体色彩，将传统结艺与斜卷结艺相结合，造型设计经典时尚，适合日常佩戴。

材料清单

主石

南红珠
11mmx11mm

线材

1.0 扁蜡线
墨绿色　100cmx4 根
冷黑色　100cmx4 根

配件

14K 包金珠
直径 3mmx8 颗
车轮珠　直径 4mmx2 颗
大同玉珠　直径 7mmx2 颗
翡翠算盘珠　直径 8mmx2 颗

制作步骤

1 制作墨绿色线圈,保留2条轴线。

2 如图穿入直径4mm的车轮珠和南红珠。

3 制作另一端的线圈。

4 双线圈造型制作完成。

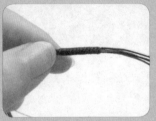

5 使用2根100cm的冷黑色线和2根100cm的墨绿色线,如图编结12个金刚结。

6 两端做金刚结,穿入编好的线圈,再使用2颗直径8mm的翡翠算盘珠固定线材。

7 两端各穿入1颗直径3mm的14K包金珠,编织叶形纹理。

8 两端各穿入3颗直径3mm的14K包金珠,并固定。

9 剪掉多余的线。

10 两边对称编织。

11 尾部穿入2颗直径7mm的大同玉珠并固定。

12 作品制作完成。

朱砂手绳

设计阐释：

慧心巧思的设计赋予朱砂崭新的风格与内涵。以独特的美学风格与卓越的技艺挖掘女性内在魅力，点亮女人的万种风情。本作品寓意富甲天下，吉祥幸运。

材料清单

主石

朱砂雕件

线材

0.6 扁蜡线
灰褐色　100cmx4 根
橄榄绿色　50cmx4 根

配件

14K 包金珠
直径 3mmx6 颗、直径 2.5mmx4 颗
车轮珠　直径 3mmx8 颗
朱砂　珠子、福字

制作步骤

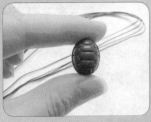

1 准备朱砂雕件和图中各色 0.6 扁蜡线。

2 将 4 根 100cm 的灰褐色 0.6 扁蜡线穿入朱砂雕件 孔中。

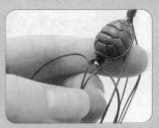

3 穿入 1 颗直径 3mm 的 14K 包金珠，如图做四线包珠。

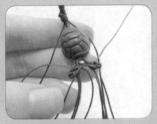

4 如图示，加入 2 条 50cm 的 橄榄绿色 0.6 扁蜡线，编 四线叶形。

5 编织幸运四叶草造型，对 称编织手绳的另一端。

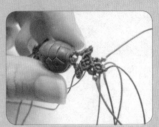

6 穿入 2 颗直径 2.5mm 的 14K 包金珠，点缀作品。

7 编织菱形造型并收紧所有 线材。

8 穿入 3 颗朱砂珠子和 4 颗 直径 3mm 的车轮珠，编单 向平结。

9 编四股辫延长主体造型。

10 两端分别穿入 2 颗直径 3mm 的 14K 包金珠和 1 个朱砂福字。

11 对称编织，剪掉余线并 烧结。

12 制作双向平结调节扣， 作品制作完成。

粉晶颈链

设计阐释：

作品以绵延向上的藤蔓为设计雏形，多条绳线交织缠绕向上，一气呵成。少女情怀总是诗，娇嫩如花瓣般的粉晶吊坠，是少女藏匿于心间的那恋爱般的憧憬。作品是来自少女的告白，散发无尽活力与喜悦，象征爱情甜美，生活美满。

花舞暖阳

材料清单

主石

粉晶
35mmx20mm

线材

0.5 圆蜡线
白色　200cmx5 根
嫩绿色　200cmx1 根
嫩黄色　200cmx1 根

配件

葡萄石珠　直径 6mmx1 颗
14K 包金珠
直径 2.5mmx8 颗、直径 3mmx6 颗
车轮珠
直径 3mmx2 颗、直径 4mmx2 颗

制作步骤

1 准备图中各色 0.5 圆蜡线和粉晶主石。

2 将 2 根 100cm 的白色 0.5 圆蜡线，穿过挂绳孔。

3 编斜卷结，依次加入白色、嫩黄色和嫩绿色 0.5 圆蜡线各 1 根，每根 200cm。

4 如图，将线材向内聚拢。

5 如图，将单线穿入 2 颗直径 3mm 的车轮珠和 1 颗直径 6mm 的葡萄石珠。

6 将 3 颗珠子加入造型中。

7 制作侧面造型。

8 编叶子形状造型，注意左右对称。

9 加入 8 颗直径 2.5mm 的 14K 包金珠，并将造型向两边延伸，制作颈链的主体部分。

10 穿入 2 颗直径 4mm 的车轮珠，颈链主体部分制作完成。

11 加入 2 根 200cm 的白色 0.5 圆蜡线做单向平结，延长颈链挂绳。

12 制作颈链尾扣，作品制作完成。

战国红吊坠

设计阐释：

作品以盛开的莲花为主题，用莲花造型的景泰蓝，搭配珍珠、14K 包金珠进行编织组合。景泰蓝居于项链中央，作为点睛之笔，周围的红色立体编织很好地烘托了主石及莲花造型。立体调节扣及双面立体尾扣设计，独具匠心，可选择多种佩戴方式，搭配出席不同场合。作品寓意祥和吉利，象征作品主人的高洁清廉。

材料清单

主石

战国红
42mmx26mm

线材

1.0 扁蜡线
大红色　100cmx3 根
大麦色　100cmx1 根
烟灰色　100cmx1 根

配件

珍珠　直径 7mmx1 颗
14K 包金珠
直径 2.5mmx4 颗、直径 4mmx1 颗
飞碟珠　直径 4.5mmx1 颗
景泰蓝　莲花

制作步骤

1 准备图中各色 1.0 扁蜡线、战国红、景泰蓝莲花和珍珠。

2 以各 1 根 100cm 的大红色、大麦色、烟灰色 1.0 扁蜡线作轴线，另取 1 根 100cm 的大红色线穿入挂绳孔。

3 穿入 1 颗直径 4mm 的 14K 包金珠。

4 如图示，使用红色线绳做耳状造型。

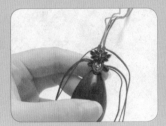

5 加入景泰蓝莲花。

6 加入 2 颗直径 2.5mm 的 14K 包金珠，并将下面的 4 根红色 1.0 扁蜡线编斜卷结聚拢至顶部。

7 再加入 2 颗直径 2.5mm 的 14K 包金珠，并将顶部线材编斜卷结向上聚拢。

8 穿入 1 颗直径 4.5mm 的飞碟珠。

9 加入 1 根 100cm 的大红色 1.0 扁蜡线编斜卷结，制作"龙吐珠"底托造型。

10 穿入天然珍珠作为"龙吐珠"的点睛配珠。

11 向背部收拢线材，剪掉余线并烧结。

12 加入八股辫挂绳，作品制作完成。

耳环设计

设计阐释:

作品创作灵感源自一次赏莲经历,漫步湖边,被紫色睡莲美丽的色彩倾倒,故创作了紫金套系作品。紫金线对比和谐,金咖色与高贵的紫色搭配,给人轻松惬意、亲切舒服的感觉,使高雅与温暖并存。线材的光泽与质感展现温婉的性感。细节处把控到位,美但不招摇,不张狂,美得低调,却不会被忽视。

材料清单

主石	线材	配件
紫龙晶 16mmx12mm	0.5 圆蜡线 白色 100cmx2 根、 150cmx2 根 紫色 150cmx2 根	珍珠 直径 6mmx1 颗 14K 包金珠 直径 2mmx17 颗、直径 2.5mmx10 颗、 直径 3mmx1 颗、直径 4mmx1 颗 车轮珠 直径 3mmx3 颗 耳钩 1 个 套管 2 个

制作步骤

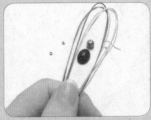

1 准备图中各色0.5圆蜡线，紫龙晶和珍珠。

2 用2根100cm和2根150cm的白色0.5圆蜡线做双线交叉网包，包住紫龙晶。

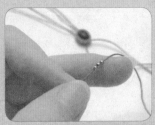

3 准备2根150cm的紫色0.5圆蜡线，其中1根如图穿入2颗直径2mm和1颗直径2.5mm的14K包金珠。

4 如图，用同样的方法完成3组串珠并编斜卷结装饰边。

5 穿入1颗直径3mm车轮珠以聚拢顶部线材。

6 如图，两边各穿入1颗直径2mm的14K包金珠作点缀，中间穿入1颗直径3mm的14K包金珠定位。

7 再次聚拢顶部所有线材。

8 穿入5颗直径2mm和3颗直径2.5mm的14K包金珠，中间加入2颗直径3mm的车轮珠和1颗直径6mm的珍珠。

9 如图，穿入1颗直径4mm的14K包金珠，然后穿入耳钩并向下留出2根紫色0.5圆蜡线。

10 如图，穿入4颗直径2mm和4颗直径2.5mm的14K包金珠和2个套管。

11 将线固定，剪掉余线并烧结。

12 作品制作完成。

吊坠手绳

红纹石手绳

设计阐释：

作品配色清新，蓝、粉色系搭配金色，时尚靓丽。红纹石搭配天然珍珠，再配以桑蚕丝线，佩戴舒适，结尾流苏尾扣设计亦洋溢着青春与婉约气韵。整个作品无烧结，一气呵成。

材料清单

主石

红纹石
20mm×15mm

线材

桑蚕丝线
粉蓝色　75cm×2 根
嫩粉色　75cm×2 根
蜡金线
金色 75cm×2 根

配件

珍珠　直径 6mm×1 颗

制作步骤

1 准备红纹石、珍珠、桑蚕丝线和蜡金线。

2 如图，将1根嫩粉色桑蚕丝线对折穿入红纹石挂绳孔里。

3 如图，加入另一根嫩粉色桑蚕丝线。

4 如图，加入2根粉蓝色桑蚕丝线。

5 将2根蜡金线穿入1颗直径6mm的天然珍珠。

6 如图，将珍珠固定到红纹石上部。

7 顺势用蜡金线编一段云雀结。

8 将下面的粉蓝色桑蚕丝线和嫩粉色桑蚕丝线编斜卷结。

9 向两边延伸造型。

10 做好如图造型。

11 将两边蜡金线做单向平结。

12 编四股辫作为挂绳，以纽扣结收尾，将线尾做成流苏，作品制作完成。

水晶柱项链

设计阐释：

作品将紫水晶柱、红纹石、珍珠、光谱石珠、14K 包金珠巧妙结合，360° 无死角，立体精编，演绎出轻奢复古风。紫水晶是深邃的紫色宝石，凸显高贵气质，象征智慧与美好，代表忠贞的爱情。

材料清单

主石

紫水晶柱
长 4cmx1 颗
红纹石
16mmx12mm

线材

0.45 圆蜡线
灰色　40cmx20 根、80cmx1 根
粉白色　80cmx2 根、120cmx2 根
蜡金线
樱花粉色　50cmx2 根
紫藤色　50cmx2 根
1.0 扁蜡线
灰色　15cmx8 根

配件

光谱石珠　直径 7mmx1 颗
飞碟珠　直径 4.5mmx1 颗
紫色珍珠　直径 9mmx1 颗
14K 包金珠
直径 3mmx1 颗、直径 2mmx4 颗

制作步骤

1 准备紫水晶柱、红纹石及配件珠子。

2 使用2根80cm和2根120cm的粉白色0.45圆蜡线,做双线交叉网包,包住红纹石。

3 使用1根80cm的灰色0.45圆蜡线作轴线,20根40cm的灰色0.45圆蜡线做云雀卷加线,并如图穿入光谱石珠。

4 使用2根50cm的樱花粉色蜡金线,编斜卷结向上延长线条。

5 使用2根50cm的紫藤色蜡金线穿插点缀作品。

6 如图,加入飞碟珠固定顶部线材。

7 加入2颗直径2mm的14K包金珠,并将周边的蜡金线编斜卷结聚拢。

8 穿入1颗直径9mm的紫色珍珠,做"龙吐珠"造型。

9 背部加入2颗直径2mm和1颗直径3mm的14K包金珠,编斜卷结收紧。

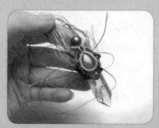

10 调整正面造型。

11 剪掉余线并烧结。

12 使用8根15cm的1.0扁蜡线编八股辫做挂绳,穿入挂绳,作品制作完成。

蜜蜡项链

盘龙吐珠

设计阐释：

作品配色灵感来源于龙袍的色彩搭配。该作品精妙之处在于配色，既经典大气又不乏时尚雅韵。明黄色作为主色，象征正统、高贵、中心；月白色、明黄色、蓝色的装饰圈，象征"海水江崖"，"万世升平"。交织"如意头"设计造型，象征吉祥如意。

材料清单

主石

蜜蜡
55mm×35mm×12mm

线材

1.0 扁蜡线
明黄色　100cm×3 根
海洋蓝色　100cm×2 根
檀棕色　100cm×4 根
奶白色　100cm×2 根
檀棕色　150cm×8 根

配件

景泰蓝六瓣花　直径 11mm×1 颗
南红珠　直径 7mm×1 颗
14K 包金珠　直径 3mm×1 颗

制作步骤

1 准备图中各色1.0扁蜡线、蜜蜡和配珠。

2 如图，编夹心金刚结。

3 正中间的两根绳穿入挂绳孔。

4 如图，穿入1颗直径3mm的14K包金珠。

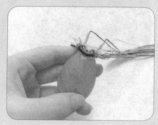

5 开始做盘龙造型。

6 如图，形成立体盘龙柱状结构。

7 加入景泰蓝六瓣花。

8 加入南红珠，做龙吐珠造型。

9 向两边延伸造型。

10 向背面折过，做双挂扣。

11 将线固定，剪掉余线并烧结。

12 使用8根150cm的檀棕色1.0扁蜡线编八股辫做挂绳穿入挂绳，作品制作完成。

战国红紫龙晶组合项链

设计阐释:

作品主石是战国红和紫龙晶天然宝石。作者使用绳结工艺将两颗主石包裹并组合。
作品以红紫色调为主色,寓意红红火火,紫气东来,吉祥安康。

材料清单

主石	线材	配件
战国红 40mmx32mmx12mm **紫龙晶** 16mmx12mmx6mm	**1.0 扁蜡线** 檀棕色 100cmx7 根、150cmx2 根、 50cmx2 根 酒红色　150cmx2 根 浅紫色　100cmx2 根、50cmx2 根	**14K 包金珠** 直径 3mmx1 颗、 直径 2.5mmx6 颗 **车轮珠**　直径 4mmx1 颗

制作步骤

1 准备图中各色 1.0 扁蜡线，紫龙晶和战国红主石。

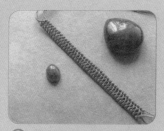

2 使用 2 根 100cm 和 2 根 150cm 的檀棕色 1.0 扁蜡线做双线交叉网包。

3 将 2 根 100cm 的檀棕色 1.0 扁蜡线穿入战国红挂绳孔。

4 如图加入 1 根 100cm 的檀棕色 1.0 扁蜡线并包住 1 颗直径 3mm 的 14K 包金珠。

5 穿入 2 颗直径 2.5mm 的 14K 包金珠，并将其固定。

6 编织酒红色装饰包边。

7 将顶部所有的线材聚拢。

8 使用 2 根 50cm 和 2 根 100cm 的檀棕色 1.0 扁蜡线做双线交叉网包包在紫龙晶。

9 加入 1 颗直径 4mm 的车轮珠定位，并将 2 颗主石结合编织。

10 用檀棕色 1.0 扁蜡线编斜卷结，如图所示。

11 穿入 4 颗直径 2.5mm 的 14K 包金珠作点缀。加入浅紫色和酒红色 1.0 扁蜡线编斜卷结，使主体色调更加和谐。

12 剪掉余线并烧结，项链主体部分制作完成。

粉晶项链

设计阐释：

作品主石是一颗高品质天然粉晶，作品采用多色搭配，色彩多而不乱，整体色彩控制在粉紫色调中，甜美而不失典雅。造型设计成羽翼形状，展翅向上的造型体现了积极向上的生活态度。作品适合日常佩戴，寓意爱情甜美，生活幸福。

材料清单

主石

粉晶
27mmx27mmx15mm

线材

0.5 圆蜡线
浅紫色
100cmx2 根、150cmx4 根
荧莹粉色　150cmx2 根
烟灰色　150cmx2 根、150cmx3 根
白色　150cmx3 根

配件

14K 包金珠
直径 2.5mmx12 颗
车轮珠　直径 3mmx1 颗
光谱石珠　直径 5mmx1 颗

制作步骤

1 准备粉晶和图中各色 0.5 圆蜡线。

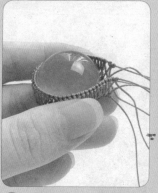

2 使用 2 根 100cm 和 2 根 150cm 的浅紫色 0.5 圆蜡线做双线交叉网包边。

3 包紧主石。

4 使用 2 根 150cm 的茱萸粉色线做装饰包边，并穿入 12 颗直径 2.5mm 的 14K 包金珠作点缀。

5 加入 1 颗直径 3mm 的车轮珠定位，从底部开始向两边编织缠绕纹理。

6 制作天使之翼造型。

7 使用 3 根 150cm 的白色 0.5 圆蜡线、2 根 150cm 的烟灰色 0.5 圆蜡线和 1 根 150cm 的浅紫色 0.5 圆蜡线制作天使之翼造型。

8 聚拢顶部线材。

9 做顶部造型。

10 穿入 1 颗直径 5mm 的
光谱石珠。

11 将光谱石珠包住。

12 编 2 个菱形结。

13 将上面 1 个菱形结向后
折，制作挂绳孔。

14 裁掉余线并烧结，作品
制作完成。

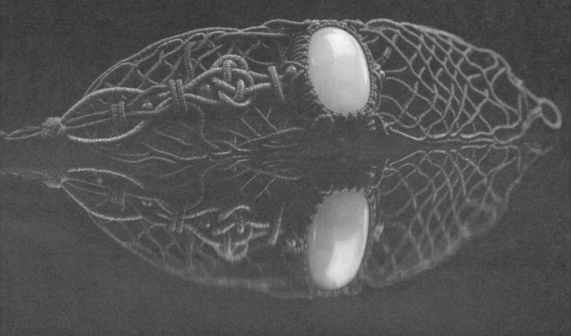

第四章

作品欣赏

紫气东来 紫龙晶项链

设计阐释：

　　本作品采用双面立体造型编织而成，极为耗费心力。紫龙晶主石拥有高贵典雅的独特气韵，丝丝龙纹贯穿其中，典雅中透着生机，使作品更加灵动。作品寓意紫气东来，祥瑞安康。

海纳百川　海洋碧玉项链

设计阐释：

　　这款作品采用不对称构图设计，使作品更加灵动神秘，富有生气。海洋碧玉的色彩与线材及配珠色彩相辉映。作品取海纳百川、生机盎然之意。

清水芙蓉 芙蓉晶结绳

设计阐释：

　　这款结绳，清新典雅的配色设计，宛若清水出芙蓉，天然去雕饰。寓意爱情甜美。芙蓉晶是助爱情的宝石，主人际关系，增进人缘，也可舒缓紧张、烦躁的情绪，使佩戴者保持心境平静。

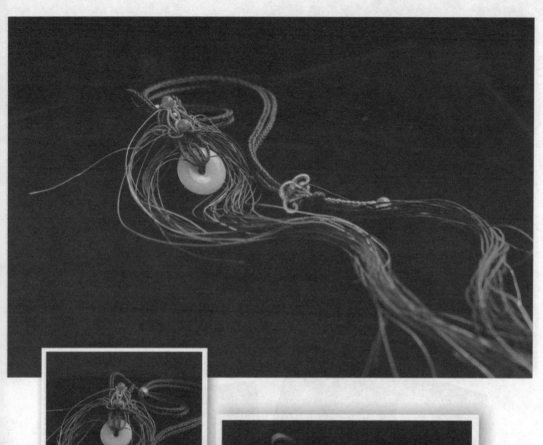

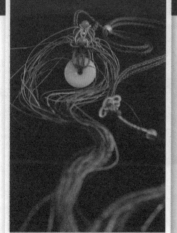

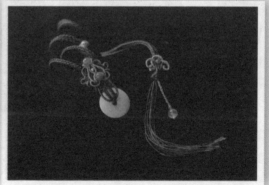

平安如意　翡翠平安扣项链

设计阐释：

　　作品的点线面布局合理，图案设计吉祥圆满，色彩丰富而协调，寓意平安如意，极具东方形态美。

波洛领结 宝石结绳项链

设计阐释：

　　设计师沿用"波洛领结"的经典设计，用编绳设计制作调节机关，项链挂绳可上下抽拉调整长度，满足多变的佩戴需求。作品赋予每一颗宝石独特的姿态与灵魂，具有灵动的气息。

瑞果系列 葡萄石项链

设计阐释：

    该作品灵感来源于水果的造型，作者围绕"果实"展开设计。葡萄石莹润光洁，浑体通透。精致细密的编织线条与主石相拥相偎，象征圆满与美好。

荣华富贵 紫龙晶平安牌项链

设计阐释:

　　紫龙晶平安牌的宝石纹理像极了盛开的绒花。绒花,谐音荣华。作品主体搭配翡翠,采用"龙吐珠"造型设计,做工精致细腻。挂绳是可调节式设计,佩戴方式灵活多样。作品寓意富贵荣华,平安吉祥。

线的协奏曲 蜜蜡手绳

设计阐释:

    作品的精彩之处在于，双挂扣处的完美衔接，多个造型组合成为一体，呈现了宝石与绳结的完美契合。匠心独运，细腻异常，这也是此作品耗时耗力之处。作品寓意祥瑞安康。

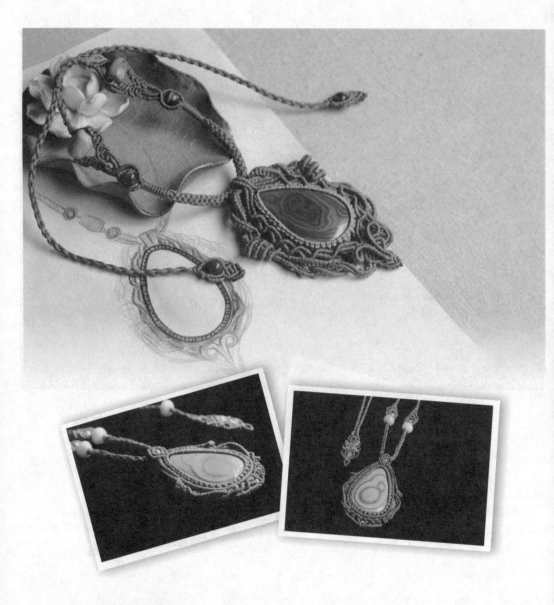

舒卷系列 孔雀石项链

设计阐释：

作品线条疏密有致，缱绻流转，取名"舒卷"，连用"S形缠绕""吉祥结""如意结"等吉祥纹饰造型设计，以颂吉祥。

桃花源系列 桃花手绳

设计阐释:

　　该系列作品包含"爱的DNA""幸运桃花绳""男士桃花绳""蟠桃千寿""桃花胸针"等多款。作品多以桃花、桃叶、蟠桃为设计元素,寓意爱情甜蜜、家庭美满、福寿绵长。

母子平安 平安扣项链

设计阐释：

作品使用蜡金线、泰蜡线、纯银配件设计，清新典雅。作品寓意母子平安。

绵绵情意 能量石手环

设计阐释：

　　作品使用多种绿色系线绳编织，色彩雅致，层次丰富。通过编绳技艺将多颗能量石扣子衔接，造型纹理环环相扣。翻至手环反面，可以看到能量石扣子通过精心设计的编织线条相连，保证手环贴合手腕。作品寓意绵绵情意，福寿延绵。

紫韵金魅 精编戒指、耳环

设计阐释：

红纹石套系作品设计，精工巧艺打造出造型精美可人的戒指和耳环，晶莹剔透的红纹石搭配浅紫色和金色线绳，温柔浪漫的色彩给人十足的甜蜜感，美得叫人过目难忘。

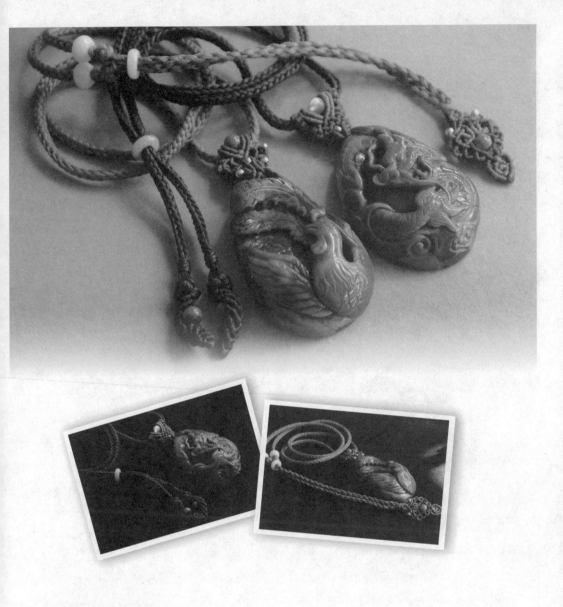

龙凤呈祥 战国红项链

设计阐释:

　　主石是一位客户珍藏的龙凤战国红雕件。设计师在收到来石定制时，被石头的天然质地与浑然天成的雕工折服。为与主石的风格相呼应，使编绳与龙凤雕件相得益彰，设计师在设计编绳时使用了刚劲有力的线条造型。作品充满阳刚之气，力与美的结合，寓意龙凤呈祥。

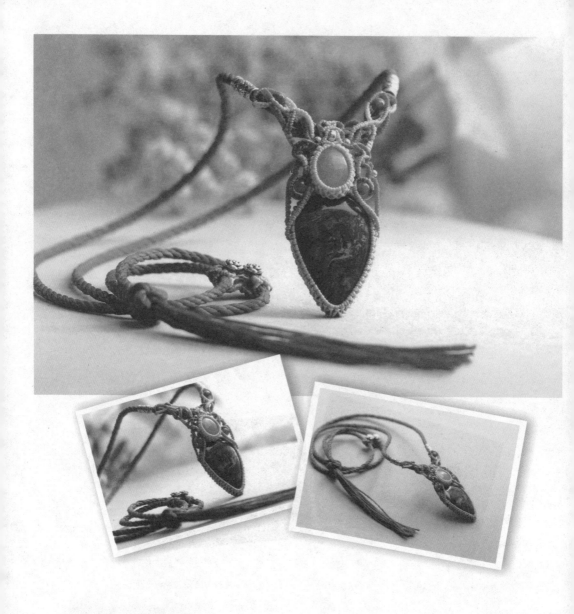

宝石组合 彼得石红纹石项链

设计阐释：

作品将彼得石与红纹石组合设计，线条流转干练，英气十足，被称叹具有"穆桂英挂帅"的气势。作品以红色为主色调，经典大方。

日日茂盛 宝石项链

设计阐释：

　　作品主石多选用绿色宝石，斑驳的天然纹理中透着幽幽的光亮，配色吉祥，气韵灵动。作品采用藤蔓叶形纹理设计，枝繁叶茂，叶片间还可以看到明亮的 14K 包金珠及各种质地的宝石，如同自然凝结的露珠与果实，充满盎然的生命力。作品随形而为，极富张力，寓意日日茂盛。

爱之千代 宝石结绳

设计阐释：

　　作品灵感来自于遥远而美丽的化蝶传说。在东方文化中，蝴蝶寓意生活美满、富贵吉祥、爱情甜美。美丽璀璨的宝石与灵动的蝴蝶被重新演绎，设计师用精湛的编织技艺诠释了大自然中绚烂的生命。

仙桃系列 宝石吊坠

设计阐释：

　　该系列作品选用桃形主石，配以绳结设计，营造出层次丰富的视觉感，你仿佛可以透过编绳的缝隙隐约感受到主石亿万年的故事。作品寓意寿比南山。

蓝莲系列 拉长石手绳

设计阐释：

　　"出淤泥而不染，濯清涟而不妖"，佛教的八宝吉祥，以莲花为首。作品以盛开的"蓝莲花"为灵感，塑造出莲花的手绳造型。设计师以蓝色和灰色线绳勾勒花瓣，拉长石置于莲心位置，让人联想到莲花出淤泥而不染的姿态。主石周围垂直的蓝色纹理设计，使主石可以高于周围的编织线条，增加作品立体层次，成为整件作品设计的点睛之笔。

镶嵌系列 红绿宝项链

设计阐释：

红绿宝中的心形天然纹理让人感叹大自然的神奇。作品做工精致细腻，用色考究，整条项链由缠绕镶嵌纹理设计而成，自然垂落于胸前。顶珠呈醒目的"万绿丛中一点红"形态。周围交替运用缠绕纹理和 14K 包金珠铺陈，灵动异常。

洪福系列 南红小吊坠

设计阐释：

优雅的线条缱绻流转，勾勒出丰富的层次感。"S"形曲线贯穿其中，整体柔美又不乏力量感，远观如金属绕线般坚实，近观又不乏柔美之情。作品采用多种高级"千代手绳编织"设计技巧，用线考究，精致而有内涵。作品寓意福运吉祥，体现力量与生机。

福寿无极 蜜蜡手绳

设计阐释：

优雅的线条，强烈的配色效果，将蜜蜡衬托得更美好。作品寓意福寿无极。

图书在版编目（CIP）数据

　　跟千代一起学绳编：编绳饰界的创意设计 / 李莹编著 . —郑州：
河南科学技术出版社，2020.10（2023.4重印）
　　ISBN 978-7-5349-9621-4

　　Ⅰ．①跟… Ⅱ．①李… Ⅲ．①绳结－手工艺品－制作
Ⅳ．① TS935.5

　　中国版本图书馆 CIP 数据核字（2019）第 232886 号

出版发行：河南科学技术出版社
　　　　　地址：郑州市郑东新区祥盛街 27 号　　邮编：450016
　　　　　电话：（0371）65737028　65788613
　　　　　网址：www.hnstp.cn
策划编辑：刘　欣
责任编辑：刘　欣
责任校对：司丽艳
整体设计：张　伟
责任印制：张艳芳
印　　刷：三河市同力彩印有限公司
经　　销：全国新华书店
开　　本：720 mm×1020 mm　1/16　印张：9　字数：260 千字
版　　次：2023 年 4 月第 2 次印刷
定　　价：98.00 元

如发现印、装质量问题，影响阅读，请与出版社联系并调换。